FANUC

数控宏程序开发与应用实例

肖善华　著

化学工业出版社
·北京·

内容简介

本书系统地讲解了FANUC数控系统宏程序编程的基础知识和数控车削、数控铣削宏程序编程典型应用实例，涵盖了数控宏程序在自动校刀、测量、刀具补偿、获取最佳切削参数等方面应用的知识点和技能技巧。全书以典型的零件加工或测量为任务载体，由浅入深、由易到难、循序渐进，详细讲解了数控宏程序的原理及工程实践应用，还介绍了智能化的测量技术应用等新技术的内容。书中所有宏程序实例全部采用模块化设计编写，可操作性强，全部经过现场验证并按预期执行，适于实际加工中直接调用。

本书可供广大数控加工的工程技术人员和技术工人、职业院校师生等系统学习、全面掌握宏程序编程技术学习和参考。

图书在版编目（CIP）数据

数控宏程序开发与应用实例/肖善华著. —北京：化学工业出版社，2022.5

ISBN 978-7-122-40898-3

Ⅰ.①数… Ⅱ.①肖… Ⅲ.①数控机床-车床-程序设计 Ⅳ.①TG519.1

中国版本图书馆CIP数据核字（2022）第036639号

责任编辑：张兴辉　　　　文字编辑：赵　越
责任校对：王　静　　　　装帧设计：王晓宇

出版发行：化学工业出版社（北京市东城区青年湖南街13号　邮政编码100011）
印　　刷：北京京华铭诚工贸有限公司
装　　订：三河市振勇印装有限公司
710mm×1000mm　1/16　印张13　字数219千字　2022年6月北京第1版第1次印刷

购书咨询：010-64518888　　　　售后服务：010-64518899
网　　址：http://www.cip.com.cn
凡购买本书，如有缺损质量问题，本社销售中心负责调换。

定　　价：69.00元

前言

数控编程有自动编程和手工编程两种方式，自动编程主要依赖于CAD/CAM软件，目前，广泛应用的软件有UG、MasterCAM、PowerMILL、HyperMILL等，由于很多初学者都过分依赖于自动编程软件，因此手工编程能力严重不足。随着中国制造向中国智造的推进，加速了我国工业4.0的进程，数控智能化、网络化加速，急需培养高水平的编程技术人员进行智能化的开发和设计，这些高水平技术人员更应掌握数控宏程序开发，为特殊的产品量身定制宏程序，解决企业实际生产效率不高的难题。笔者曾经对中等难度的零件同时进行手工编程和自动编程试验，发现手工编程效率极高，而自动编程后置处理的程序十分冗余，修改很烦琐，任一参数修改后，必须重新生成数控程序，基于此，数控宏程序有其独特的应用，特别是在机器人的智能化高级编程开发应用方面。数控宏程序是数控编程的高级阶段，也是手工编程的基础。作为数控编程人员，保证加工质量的同时，不断追求工艺优化，高效编程，不断提高产品质量，不断提高零件产品的加工效率，是数控技术人员一生的不懈追求。数控宏程序代码简洁、短小、精悍，功能非常强大，易于编写和修改，调用简单，在很多数控加工场合得到了广泛应用。但是，从多年的生产教学来看，数控编程人员普遍感觉数控宏程序学习复杂，编程无从下手。其主要原因是现在各工科类大学和高职院校都没有进行系统、深入的培训和学习，一些商业化的培训学校也仅介绍基础知识，学习效果不明显，因此学习宏程序编程技术主要还得靠数控编程技术人员自学。目前，许多宏程序编程的图书大多介绍相关知识，鲜有智能化工厂的实践应用案例。而编写本书的目的，就是希望为广大读者提供一本宏程序编程及解决实际应用的实用性工具书，特别是智能化测量技术的应用等实例，以满足广大读者系统学习、全面掌握宏程序编程技术的需求。

本书系统地讲解了FANUC数控系统宏程序编程的基础知识和编程典型应用实例，涵盖数控宏程序在自动校刀中的应用、数控宏程序在测量中的应用、数控宏程序在刀具补偿中的应用、数控宏程序在不同材料中获取最佳切削参数中的应用，以典型的零件加工或测量为任务载体，由浅入深、由易到难、循序渐进，详细讲解数控宏程序的原理及在工程实践中的应用。本书中的宏程序实例典型丰富、可操作性强，全部采用模块化设计编写，适合读者逐章自学或者随时查阅，并适于实际加工中直接调用。

为了本书内容的正确和案例程序不出错误并按预期执行，著者做了很多细致的实践验证工作。本书由宜宾职业技术学院肖善华著。在编写过程中得到了雷尼绍有限公司及成都富士康科技集团有限公司的大力支持，特别感谢雷尼绍有限公司钟林工程师，宜宾职业技术学院严瑞强高级实验师，成都富士康科技集团有限公司段鑫工程师等在本书编写中提供技术的支持和帮助。

鉴于著者水平有限，不足之处在所难免，敬请同行及读者不吝指正。

著者

目录

第4章 数控宏程序编程综合应用 101

第5章 数控宏程序编程的智能化应用 121

第1章

数控参数宏程序编程基本原理和方法

1.1 数控参数宏程序编程的基本原理

1.1.1 FANUC用户宏程序应用概述

数控编程可以分为软件自动编程和手工编程两类。数控自动编程常常使用CAD/CAM软件如Mastercm 2022、Catia 2021、UG NX12.0、Cimatron 15.0、Powrmill 2022、HyperMill 2021等进行三维曲面或实体造型设计后生成数控零件的加工轨迹，并经软件的后置处理程序处理后得到数控加工所需要的数控G代码。自动编程软件程序一经生成，加工时修改很不方便，自动编程软件生成的数控程序代码较长，往往需要占用机床较大的存储空间，无法适应零件产品尺寸的更新和变化，如果企业零件产品尺寸或形状发生改变，必须使用上述的软件重新生成新的数控自动编程程序代码。手工编程可以再分为常量手工编程和参数宏程序变量手工编程。通用零件的手工编程使用的程序坐标值往往为固定常量的常量手工编程，这种程序的适应性很差，当零件形状不改变而尺寸发生改变时，需要手工修改每一段程序代码固定常量值，导致常量手工编程的通用性差，程序进行模拟调试及修改的辅助时间大大增加，加工效率大大降低。另外，对于非圆曲线如标准椭圆、标准双曲线、标准抛物线等使用常量手工编程根本无法完成。因此，可以使用参数宏程序变量编程。参数宏程序变量编程，通过修改调用相关参数即能较好地适应零件的尺寸变化，可以完成同类同族零件的加工，并能完成非圆曲线曲面的零件加工。FANUC 数控系统将用户宏程序分成两类，即用户宏程序 A 类和用户宏程序 B 类。用户宏程序 A 类编程不直观，可读性较差，现代生产企业现场应用较少，现代企业中多数使用用户宏程序 B 类。

宏程序的应用主要有以下方面：

① 相似零件族的编程；

② 刀具偏置设置；

③ 定制固定循环；

④ 非圆曲线曲面的编程；

⑤ 生成报警提示信息；

⑥ 零件的检测和测量；

⑦ 自动换刀和刀具磨损检测；

⑧ 刀具长度测量；

⑨ 数控加工在线测量；

⑩ 自动坐标系的建立。

1.1.2 数控宏程序的常量与变量

数控加工程序常常直接使用 G 功能字和各轴的坐标值来指定数控机床的刀具运动方向和需要移动的相应距离。例如程序中的语句为 G01 X100.0 Z50.0 F80.0，表示刀具向 $+X$ 方向快速移动 100.0mm，向 $+Z$ 方向快速移动 50.0mm。此语句中 X100.0 Z50.0 为在加工直线插补过程中始终保持不变的量，我们称之为常量。而在机械零件加工生产实际中，零件的特征是千变万化的，常量就不能适应现代制造的需要。与常量对应的是变量，何为变量呢？如图 1-1 所示的阶梯轴零件图，加工原点设在右端轴线与端面交点 O 处，加工时其直径变化为 ϕ10mm、ϕ14mm、ϕ18mm；长度变化为 10mm、18mm、30mm。

如果我们想解决上述轴类零件加工过程中变化的直径和长度，就要考虑用变量来解决这个问题。假设用＃1 这个变量来表示直径值，用＃2 这个变量来表示长度值。那么＃1＝10.0，＃1＝14.0，＃1＝18.0；＃2＝10.0，＃2＝18.0，＃2＝30.0。由此可以看出，变量就是在零件加工过程中，其值可以随着加工的变化而不断改变的量。

加工图 1-1 所示阶梯轴右边第一段 ϕ10mm 长度 10mm 的变量宏程序如下：

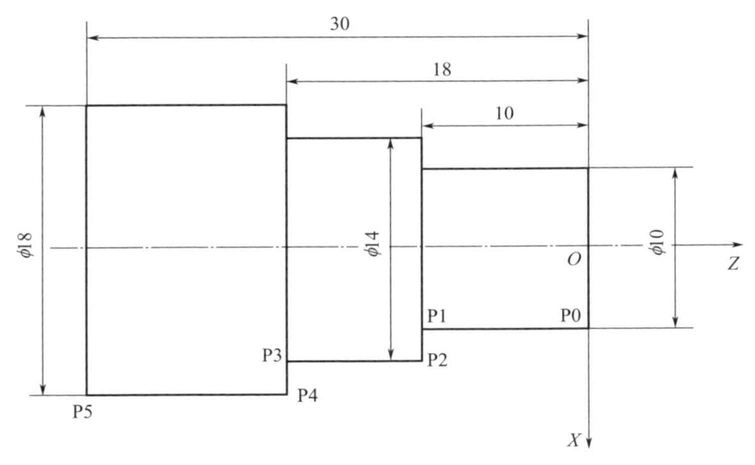

图 1-1　阶梯轴零件图

```
O1111;
N10  G54 G98 G00 X100.0 Z50.0;
N15  T0101;
N20  M03 S800;
N25  ＃3＝25.0;(毛坯尺寸)
N30  ＃1＝10.0;(直径)
N35  ＃2＝－10.0;(长度尺寸)
N40  ＃3＝＃3－1.0;(直径递减)
N45  G00 X＃3 Z5.0;(刀具定位)
N50  G01 X＃3 F100;(直线插补)
N60  G01 Z＃2 F100;(直线插补)
N70   X [＃3＋2]; (X 方向退刀)
N75  G00 Z5.0;(Z 方向退刀)
N80  IF[＃3GT 10 ] GOTO ＃1; (条件判断,当加工直径大于 10mm 时,继续循环执行)
N85  G00 X50; (X 方向退刀至 50mm 处)
N90  G00 Z50; (Z 方向退刀至 50mm 处)
N95  M30;(程序结束)
%
```

1.1.3　数控宏程序的变量知识

（1）数控宏程序变量表示

宏程序变量用＃i 的形式表式，其中，＃为变量符号，i 为对应的变量号。如＃1，＃2，＃［＃1＋＃2］，＃［＃1＋＃2＋10.0］等。

（2）数控宏程序变量赋值

如图1-1中的加工直径ϕ10mm、长度10mm轴，采用宏程序变量＃3、＃2、＃1，将加工直径ϕ10mm赋给变量＃1，写作＃1＝10mm，将长度10mm赋给变量＃2，写作＃2＝10mm，将毛坯25mm赋给变量＃3，写作＃3＝25mm。

1.1.4 宏程序的变量类型

数控加工程序通常直接使用G功能字和各轴的坐标值来指定数控机床的刀具运动方向和需要移动的相应距离。例如程序中的语句为G00 X1000.0 Z1500.0，表示刀具快速向＋X方向移动1000.0mm和＋Z方向移动1500.0mm。用户宏程序在使用时，需要引用或指定变量，而变量的值能够通过数控机床面板的手动数据进行输入或数控程序进行设置。如：

```
#300=#100+200;
G01 X#300 F800;
```

变量需要正确地进行表达，其表达方式为使用通用指定的变量号＃加上对应的变量代码进行表示。又如，＃1200的变量，如果变量后面是需要进行计算的很多个变量和常量的组合，就需要将后面的组合内容放入指定的中括号中，如：#[#300*#200+50-5]。

（1）变量的类型

变量按照FANUC数控系统进行分类，分成四种类型的变量：数控系统专用变量类型、全局变量类型、空变量类型、局部变量类型。FANUC数控系统的变量类型如表1-1所示。

表1-1 四种FANUC数控系统变量

变量号	变量类型	功能
＃0	“空”	这个变量总是空的，不能赋值
＃1～＃33	局部变量	局部变量只能在宏中使用，以保持操作的结果，关闭电源时，局部变量被初始化成“空”。宏调用时，自变量分配给局部变量
＃100～＃149(＃199) ＃500～＃531(＃999)	全局变量	全局变量可在不同的宏程序间共享。关闭电源时变量＃100～＃149被初始化成“空”，而变量＃500～＃531保持数据。公共变量＃150～＃199和＃532～＃999可以选用，但是当这些变量被使用时，纸带长度减少了8.5m

续表

变量号	变量类型	功能
＃1000～	系统变量	系统变量用于读写各种 NC 数据项，如当前位置、刀具补偿值

（2） 变量值的数据范围

局部变量类型与全局变量类型的取值范围如表 1-2 所示，数控系统根据变量最大或最小的设置值进行判断，如果某个变量值超过其极限范围，则发出第 111 号报警提示信息，供用户检查。

表 1-2 FANUC 数控系统变量数据范围

变量类型	变量取值范围	变量错误报警信息
局部变量	$-10^{47}\sim-10^{-29}$ 或 $10^{-29}\sim10^{47}$	No. 111 报警
全局变量	$-10^{47}\sim-10^{-29}$ 或 $10^{-29}\sim10^{47}$	No. 111 报警

（3） 变量的引用

变量的引用方法是数控程序首先找到变量地址，然后根据变量的地址代码找到变量的内容。参数宏程序的变量引用方法如表 1-3 所示。

表 1-3 变量引用方法

变量引用方法	不带负号的变量引用举例	带负号的变量引用举例
直接引用	G01　X＃1000；	G01　X－＃2000；
引用表达式	G01　X[＃500＋＃200]F＃300；	G01　X－[＃400＋＃600]F＃800；

注：1. 程序中被引用变量的数值会根据地址的最小设定单位自动进行四舍五入。例如：当数控系统的最小输入增量为 1/1000mm 单位，指令 G0 X＃400，并将 22.3456 赋值给变量＃400，实际指令值为 G0 X22.346。

2. 当引用没有定义的宏程序参数变量时，参数变量及地址字都会被忽略。例如：当变量＃200 的值为 0.0，并且变量＃200 的值为空时，G0 X＃200. Y＃500. 的执行结果为 G0 X0.0。

（4） 未定义的变量

对于宏程序中的变量值，用户在使用前，如果没有进行定义，数控宏程序则会把该没有定义的变量识别为空变量，而空变量值不能够写入，只能够读出。

对于没有被定义的变量，当在数控程序中直接引用其参数变量时，数控系统则不能理解该变量的含义，从而会忽略掉该未定义的变量。

（5） 变量的运算

变量按正常情况赋值进行运算，还要注意区别空变量及零，以及变量溢出代码和限制等内容。详细的变量运算如表 1-4 所示。

表 1-4　变量运算

空变量与 0 的区别	变量溢出	变量的限制
除进行赋值以外，其他情况下空变量与 0 相同。当变量值是空白时，变量为空	当变量的绝对值大于 99999999 时，发生上溢出，当变量的绝对值小于 0.0000001 时，会发生下溢出。发生溢出时以 * * * * * 号表示	数控程序中的程序名称、程序顺序字号和程序中的任意程序段跳转序号不能使用变量。例如：下面情况不能使用变量 O＃18； /＃200G00 X1000.0； N＃300 Y2000.0；

（6）数控系统变量

用于数控系统内部参数的读入和写出的变量叫数控系统变量。数控系统中的内部系统变量种类很多，分别定义为各种系统参数以供调用。如数控刀具偏置补偿系统变量、数控刀具当前位置补偿系统变量、数控可编程机床控制器系统变量、PLC 系统变量以及数控机床与外部进行通信的接口信号系统变量等。系统变量如表 1-5～表 1-8 所示。

表 1-5　数控交换接口信号系统变量

变量号	功　能
＃1000～＃1015 ＃1032	用于从 PMC 传送 16 位接口信号到用户宏程序。＃1000～＃1015 信号是逐位读取的，而＃1032 信号是 16 位一次读取的
＃1100～＃1115 ＃1132	用于从用户宏程序传送 16 位接口信号到 PMC。＃1100～＃1115 信号是逐位写入的，而＃1132 信号是 16 位一次写入的
＃1133	用于从用户宏程序一次写入 32 位接口信号到 PMC 注意：＃1133 取值范围为－99999999～＋99999999

表 1-6　刀具偏置补偿方式 a 系统变量

刀具补偿号	系统变量号
1	＃10001(＃2001)
……	……
200	＃10200(＃2200)
……	……
400	＃10400(＃2400)

表 1-7　刀具偏置补偿方式 b 系统变量

刀具补偿号	几何补偿	磨损补偿
1	＃11001(＃2201)	＃10001(＃2001)
……	……	……
200	＃11200(＃2400)	＃10200(＃2200)
……	……	……
400	＃11400	＃10400

表 1-8　刀具偏置补偿方式 c 系统变量

刀具补偿号	刀具长度补偿		刀具半径补偿	
	几何补偿	磨损补偿	几何补偿	磨损补偿
1	#11001(#2201)	#10001(#2001)	#13001	#12001
……	……	……	……	……
200	#11200(#2400)	#10200(#2200)	……	……
……	……	……	#13400	#12400
400	#11400	#10400		

(7) 宏程序报警号显示

宏程序报警号显示：当数控系统发生错误时，由宏报警信号的系统变量发出提示信号，帮助用户查找故障。如表 1-9 所示。

表 1-9　宏报警系统显示变量

变量号	功能
#3000	当#3000 中包含 0～99 之间的某一个数值时，数控系统发生停止并显示报警信息。报警信息不能超过 26 个字符，例如：# 3000 = 1（Tool not found)，数控系统屏幕上会显示“3001 Tool not found”，数控系统提示没有找到刀具的报警信号，帮助用户查找故障 停止信息的显示：数控系统屏幕上显示当前程序停止执行的信息

显示时间信息：数控系统显示出来的时间信息可以读入和写出，如表 1-10 所示。

表 1-10　显示时间的系统变量

变量代号	变量功能
#3001	这个变量是一个以 1ms 为增量一直计数的计时器，上电或达到 65535ms 时复值为 0
#3002	这个变量是一个以 1h 为增量、当循环启动灯亮时计数的计时器，电源关闭后计时器值依然保持，达到 1145324.612h 时复值为 0
#3011	这个变量用于读取当前年/月/日数据，该数据以十进制数显示。 例如：March 28，1993 表示成 19930328
#3012	这个变量用于读取当前时/分/秒数据，该数据以十进制数显示。 例如：下午 3 点 34 分 56 秒表示成 153456

数控程序自动控制：零件数控加工具有自动运行功能，所以需要在数控加工中设置自动控制变量，对数控机床的运行状态进行监视，以更好地实现数控程序的自动控制。数控程序自动控制有单段运行和全自动运行，如表 1-11、表 1-12 所示。

表 1-11　自动控制变量

#3003	单段	完成辅助功能
0	使能	要等待
1	无效	要等待
2	使能	不要等待
3	无效	不要等待

表 1-12　自动控制的系统变量

#3004	进给保持	进给倍率	精确停止
0	使能	使能	使能
1	无效	使能	使能
2	使能	无效	使能
3	无效	无效	使能
4	使能	使能	无效
5	无效	使能	无效
6	使能	无效	无效
7	无效	无效	无效

数控自动运行控制主要控制数控机床的单段运行和全自动运行两种加工状态。当数控系统上电时，将变量#3003置为0，这样，当数控程序不执行单段运行时，单段运行停止功能不会执行，从而实现数控机床上的单段运行失效。该自动运行变量置为0或1，遇到数控程序中的辅助M功能字、辅助S功能字、辅助T功能字时，数控程序需要等待其完成后才能执行后面的程序；该自动运行变量置为2或3，遇到数控程序中的辅助M功能字、辅助S功能字、辅助T功能字时，数控程序不需要等待其完成，直接可以执行后面的操作。

数控系统上电后，#3004变量和#3003变量将对数控机床的进给保持、单段运行、进给速率、准停起控制作用：

① 如果将#3004变量置为0，进给保持功能对数控机床生效，零件数控加工程序将采用单段运行；

② 如果变量#3003不起作用，单段运行将对数控机床不起作用。将数控机床上的进给保持按钮按下，然后再弹出，进给保持指示灯会亮起，数控机床将继续运行；

③ 将数控机床上的进给倍率旋钮调整到100%的位置处，并且保持进给倍率功能不起作用的状态时，数控机床会忽略掉当前设置倍率速度；

④ 数控机床准停功能不起作用时，机床不执行准停检查。

变量设置：变量设置（变量号为＃3005）一般采用十进制代码和二进制代码互换，该变量设置代码能够进行读入和写出，以获得数控系统的设置参数，如表 1-13 所示。

表 1-13　变量设置

＃3005								
设定	＃15	＃14	＃13	＃12	＃11	＃10	＃9	＃8
						TAPE	REV4	
设定	＃7	＃6	＃5	＃4	＃3	＃2	＃1	＃0
	SEQ	ABS		INCH	ISO	TVON	REVY	REVX

注：REVX：X 轴镜像开关；REVY：Y 轴镜像开关；TVON：TV 检查开关；ISO：输出码（EIA/ISO）；INCH：公制/英制输入；ABS：相对值/绝对值编程；SEQ：顺序号自动插入开关；REV4：第四轴镜像开关；TAPE：F10/11 纸带格式开关。

镜像变量：数控系统使用镜像变量中的＃0、＃1、＃3 低三位赋值来判断镜像功能是否起作用。当三个轴相应的数据设为 0 时，镜像功能不起作用，不能完成镜像编程操作；当三个轴相应的数据设为 1 时，镜像功能起作用，能够完成镜像编程操作。镜像变量设置如表 1-14 所示。

表 1-14　镜像变量

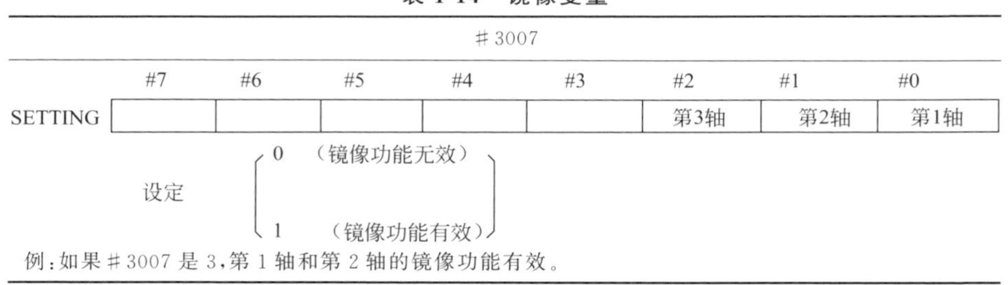

＃3007								
	#7	#6	#5	#4	#3	#2	#1	#0
SETTING						第3轴	第2轴	第1轴

设定 { 0 （镜像功能无效）; 1 （镜像功能有效） }

例：如果＃3007 是 3，第 1 轴和第 2 轴的镜像功能有效。

镜像功能是 CNC 机床的基本特征，主要实现指定坐标轴的定向符号的翻转，轴的翻转不仅会引起轴运动方向的改变，而且会引起圆弧及刀具半径的改变。参数宏程序中，数控系统会单独监测各个坐标轴的镜像状态，这个特征叫镜像检查信号，宏程序在程序处理的任何一个时刻，宏程序都能查询当前设置的状态，查询结果以二进制的数值信息存储在变量＃3007 中，最后，转换成十进制数值。＃3007 是由当前状态的逻辑决定所有坐标轴的状态，如果＃3007 中存储的数控为 3，那么此时镜像在 X 和 Y 坐标轴起作用，如果＃3007 中存储的数控为 2，那么此时镜像在 Y 坐标轴起作用，如果＃3007 中存储的数控为 1，那么此时镜像在 X 坐标轴起作用。

已加工零件数量控制：变量号＃3901 和变量号＃3902 用来统计零件数

量，这些数据都可以读入和写出。如表 1-15 所示。

表 1-15　已加工零件数量控制

变量号	功能
#3901	已加工的零件数量
#3902	需要加工的零件数量

模态信息变量数据：数控系统保存当前使用的模态信息数据，存储后就能够读出，如表 1-16 所示。

表 1-16　模态信息变量数据

变量号	功能	
#4001	G00,G01，G02，G03，G33	01 组
#4002	G17，G18，G19	02 组
#4003	G90，G91	03 组
#4004		04 组
#4005	G94，G95	05 组
#4006	G20，G21	06 组
#4007	G40，G41，G42	07 组
#4008	G43，G44，G49	08 组
#4009	G73，G74，G76，G80～G89	09 组
#4010	G98，G99	10 组
#4011	G50，G51	11 组
#4012	G65，G66，G67	12 组
#4014	G54～G59	14 组
#4015	G61～G64	15 组
#4016	G68，G69	16 组

坐标轴位置数据变量：数控机床在切削加工过程中，切削刀具的位置连续不断发生变化。可以观察控制器位置显示屏幕，从而得到位置信息变量数据，该数据只能读出，不能写入，如表 1-17 所示。

表 1-17　坐标轴位置数据变量

<table>
<tr><th>变量号</th><th>位置信息</th><th>坐标系</th><th>刀具补偿值</th><th>移动期间的读操作</th></tr>
<tr><td>#5001～#5015</td><td>段结束点</td><td>工件坐标系</td><td>不包括</td><td>使能</td></tr>
<tr><td>#5021～#5035</td><td>当前位置</td><td>机床坐标系</td><td rowspan="3">包括</td><td rowspan="2">无效</td></tr>
<tr><td>#5041～#5055</td><td>当前位置</td><td rowspan="2">工件坐标系</td></tr>
<tr><td>#5061～#5075</td><td>跳段信号位置</td><td>使能</td></tr>
</table>

续表

变量号	位置信息	坐标系	刀具补偿值	移动期间的读操作
＃5081～＃5095	刀偏值			无效
＃5101～＃5115	偏差的伺服位置			

根据表 1-17 内容，说明如下：

① 变量号的每个轴范围对应的是第 1～15 轴，第一个号码与 X 轴对应，第二个号码与 Y 轴对应，第三个号码与 Z 轴对应，第四个号码与第四轴对应，依次递推，直到第 15 个坐标轴。

② 刀具偏置范围变量第 5081～5095 表示当前刀具偏值，而不是上一值。

③ 刀具运动过程中的读操作可以允许，也可以被禁止。如果是禁止模式，则不能读取到期望的数据。

工件坐标系偏置值：工件零点偏移补偿值系统变量，用于设置 G54～G59 的工件坐标系。如表 1-18 所示。

表 1-18　工件坐标系零点偏移补偿值的系统变量

变量号	功能
＃5201～＃5204	第一轴外部工件零点偏置值～第四轴外部工件零点偏置值
＃5221～＃5224	第一轴 G54 工件零点偏置值～第四轴 G54 工件零点偏置值
＃5241～＃5244	第一轴 G55 工件零点偏置值～第四轴 G55 工件零点偏置值
＃5261～＃5264	第一轴 G56 工件零点偏置值～第四轴 G56 工件零点偏置值
＃5281～＃5284	第一轴 G57 工件零点偏置值～第四轴 G57 工件零点偏置值
＃5301～＃5304	第一轴 G58 工件零点偏置值～第四轴 G58 工件零点偏置值
＃5321～＃5324	第一轴 G59 工件零点偏置值～第四轴 G59 工件零点偏置值
＃7001～＃7004	第一轴工件零点偏置值(G54P1)～第四轴工件零点偏置值
＃7021～＃7024	第一轴工件零点偏置值(G54P2)～第四轴工件零点偏置值
…	…
＃7941～＃7944	第一轴工件零点偏置值(G54P48)～第四轴工件零点偏置值

1.1.5　宏程序的算术和逻辑运算

表 1-19 中的变量操作用于变量表达式。操作符右边的表达式，包含常数或由操作符号组成的变量表达式。变量表达式中的变量＃i 和＃k 能够用常数进行替换。左边的变量也能够用变量表达式替换，这样使其运算更加

方便。

表 1-19 算术和逻辑运算

功能	格式	功能	格式
赋值	#i=#j	反正切	#i=ATAN[#j]
加	#i=#j+#k	平方根	#i=SQRT[#j]
减	#i=#j-#k	绝对值	#i=ABS[#j]
乘	#i=#j*#k	进位	#i=ROUND[#j]
除	#i=#j/#k	下进位	#i=FIX[#j]
正弦	#i=SIN[#j]	上进位	#i=FUP[#j]
余弦	#i=COS[#j]	OR(或)	#i=#jOR#k
正切	#i=TAN[#j]	XOR(异或)	#i=#jXOR#k
AND(与)	#i=#jAND#k	将 BIN 码转换成 BCD 码	#i=BCD[#j]
将 BCD 码转换成 BIN 码	#i=BIN[#j]		

① 算术运算函数　算术运算函数包含变量的重新定义，也包含算术、代数、三角以及其他类型的运算。从基本法则上讲，加法、减法与乘法、除法有些不同。宏程序中的三角函数常用来计算角度或与角度有关的数据，但在宏程序中均适用。最常见的角度输入用十进制数表示。

② 逻辑运算中三角函数的单位　在正弦、余弦、正切、余切等公式中使用的角度单位都用度表示。

③ 四舍五入函数　宏程序的运算过程中，计算结果常常会产生许多小数，数控系统工作时，在宏程序中用公制单位表示的小数保留小数点后三位，因而需要进行四舍五入计算。Round 函数是对给出的值取整数，对小于 0.5 的小数进行忽略，对大于 0.5 的小数进位取整。例如 Round [0.000001]，得到结果为 0.0；Round [0.5]，得到结果为 1。如果 #1000 = 1.23，则 Round [#1000] 后得到的值为 1.0；如果 #1000=1.7，则 Round [#1000] 后得到的值为 2.0。

④ FUP 函数和 FIX 函数　这两个函数仅对给定值向上或向下圆整，而不管小数部分是否大于或小于 0.5。

例如 #1000=2.2，#2000=-2.2。则：#3000=FUP [#1000]，结果 #3000=3.0；#3000=FIX [#1000]，结果 #3000=2.0；#3000=FUP [#2000]，结果 #3000=-3.0；#3000=FIX [#2000]，结果 #3000=-2.0。

⑤ 辅助运算函数　辅助运算函数主要包括开平方根、取绝对值、对数

运算等。如 SQRT [25]，结果为 5.0，ABS [−2.3]，结果为 2.3。

1.1.6 宏程序的转移和循环

数控参数宏程序结构是基于 BASIC 语言进行开发建立的，宏程序依然保留三种条件格式函数实现宏程序的转移和跳转循环操作。

转移和循环：
- GOTO 语句（无条件转移）
- IF 语句（条件转移：IF…THEN…）
- WHILE 语句（当……时循环）

(1) 非条件分支（GOTO）语句

格式：GOTOn；　　（n 为顺序号 1～99999）

在没有 IF 函数的情况下，非条件分支函数执行时，程序立即到标有顺序号为 n 的段号处。n 的取值范围为 1～99999 之间的任意数字。如果 n 超出最大值范围，数控系统会出现“No.128”报警提示信息。可以使用变量表达式指定程序顺序号字。

例如 GOTO1000；

GOTO#500；

(2) 条件分支（IF 语句）

IF [＜条件表达式＞] GOTOn；

只有当指定的条件为真时，才能产生分支，否则，立即执行 IF 表达式后面的程序段，不会产生分支。对条件表达式做如下说明：

① 条件表达中的运算符号必须由两个字母构成，并对其左右两端的数值进行比较，作为判断的唯一条件。

② 运算符号包含在条件表达中，且运算符号要放入中括号内。宏程序中禁止使用不等于符号。如表 1-20 所示。

表 1-20　条件表达式

条件式	意义	具体示例
#iEQ#j	等于(=)	IF[#100EQ#600]GOTO100；
#iNE#j	不等于(≠)	IF[#500NE#100]GOTO100；
#iGT#j	大于(＞)	IF[#333GT#6]GOTO100；
#iGE#j	大于等于(≥)	IF[#5GE100]GOTO100；
#iLT#j	小于(＜)	IF[#544LT#6]GOTO100；
#iLE#j	小于等于(≤)	IF[#2LE100]GOTO100；

③ 条件分支宏程序。下面的程序计算数值 1～50 的总和。

```
O0001;
N100  ＃1＝0.0;
N150  ＃2＝1.0;
N200  ＃2＝1.0;
N250  ＃1＝＃1＋＃2;
N300  ＃2＝＃2＋1.0;
N350  IF[＃2 LE 50.0]GOTO250;
N360  M05;
N400  M30;
```

（3）循环函数（WHILE 语句）

在 FANUC 系统的宏编程中，用 WHILE 函数实现程序的循环功能，只要指定的条件为真，就开始执行循环体。DO*m* 动作与循环结束 END*m* 建立联系。

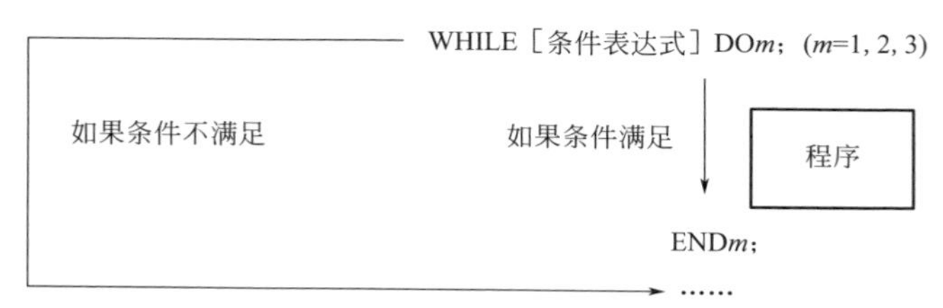

循环函数说明如下：

① 表达式为真即 TRUE，程序运行 DO～END 之间程序段内容。否则，运行循环体以后的当前程序段内容。DO 后的程序号和 END 后的程序号是给定程序循环执行的部分，DO 后标号值为数值，表示执行循环的次数，如果不用数字，则会产生“No. 126”报警提示信息。

② 循环嵌套，在 WHILE 循环语句中可以出现内部的再次循环体，这种编程方式叫循环嵌套。FANUC 数控系统可以出现三层嵌套深度，但嵌套不允许交叉。

③ WHILE 循环实例。要求编写计算数值 1～1000 总和的数控宏程序。

```
O2001;
N100  ＃10＝0.0;(计算总和初始值)
N200  ＃20＝1.0;(变量起始值)
N300  WHILE[＃20LE1000] DO1;(循环体开始部分)
N400  ＃10＝＃10＋＃20;
N500  ＃20＝＃20＋1.0;(步距值为 1)
```

```
N500  GOTO300;
N600  END 1;(循环体结束部分)
N650  M05;
N700  M30;(程序结束并返回程序起始行)
```

1.1.7 宏程序的非模态调用

数控系统除用 M98 调用子程序外，还可以用非模态调用指令 G65，G65 调程序名称放在地址 P 的后面，用 1～4 位数字来表示，如图 1-2 所示。

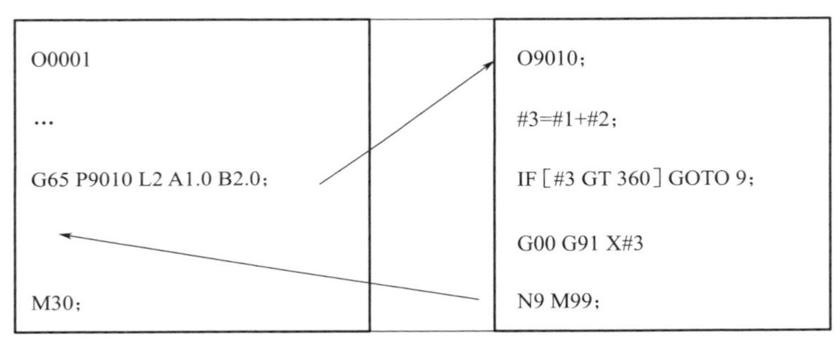

图 1-2　G65 调用参数传递

G65 P 程序名称　L 调用次数＜赋初值给自变量＞；

上述格式中，程序名称取程序名字 O 后面的四位数字，L 后面为调用次数，当调用次数为 1 时，次数可以省略，通过使用自变量的赋初值来对自变量的参数进行传递，此值被分配给相应的宏程序变量中，从而进行相应的变量运算，如表 1-21 所示。

非模态的自变量参数分为Ⅰ类和Ⅱ类。其中，第Ⅰ类不能使用字母 G、L、N、O、P。当同一个字母多次重复出现时可以用第Ⅱ类。自变量类别的使用应根据字母出现次数来确定，如表 1-21、表 1-22 所示。

表 1-21　自变量的方法（Ⅰ类）

引数	变量	引数	变量	引数	变量	引数	变量
A	#1	H	#11	R	#18	X	#24
B	#2	I	#4	S	#19	Y	#25
C	#3	J	#5	T	#20	Z	#26
D	#7	K	#6	U	#21		
E	#8	M	#13	V	#22		
F	#9	Q	#17	W	#23		

表 1-22　自变量的方法（Ⅱ类）

引数	变量	引数	变量	引数	变量	引数	变量
A	#1	I_3	#10	I_6	#19	I_9	#28
B	#2	J_3	#11	J_6	#20	J_9	#29
C	#3	K_3	#12	K_6	#21	K_9	#30
I_1	#4	I_4	#13	I_7	#22	I_{10}	#31
J_1	#5	J_4	#14	J_7	#23	J_{10}	#32
K_1	#6	K_4	#15	K_7	#24	K_{10}	#33
I_2	#7	I_5	#16	I_8	#25		
J_2	#8	J_5	#17	J_8	#26		
K_2	#9	K_5	#18	K_8	#27		

将非模态宏程序调用指令 G65 做如下说明：

① 第Ⅰ和第Ⅱ类都可以进行调用，使用上没有要求。

② 关于小数点的问题：当自变量中的数值没有小数点时，自变量的值将由数控系统设置的参数来确定。编程时尽可能在数值中加入小数点。

③ 嵌套调用：包括非模态调用（G65）和模态调用（G66）。最多可进行四级嵌套。

④ 局部变量的级别：局部变量嵌套为 0～4 级，主级为 0 级。

例：变量赋值方法Ⅰ类

G65　P1020 A150.0X400.0F1000.0；

经赋值后#1=150.0，#24=400.0，#9=1000.0。

变量赋值方法Ⅱ类

G65 P1030 A150.0 I400.0 J1000.0 K10.0I200.0 J100.0 K400.0；

经赋值后#1=150.0，#4=400.0，#5=1000.0，#6=10，#7=200.0，#8=100.0，#9=400.0。

变量赋值方法Ⅰ、Ⅱ类混合

G65 P1030 A150.0 D400.0 I200.0 K10.0 I200.0；

经赋值后，I200.0 与 D400.0 同时分配给变量#7，因此，数控程序赋值给最后一个#7，所以，变量#7=200.0，其余同上。

1.1.8　宏程序的模态调用

模态调用指令用 G66 代码，模态一经调用，在整个调用程序段都有效，当程序中遇到G67模态调用结束指令时，模态调用才被注销，整个调用结束，程序运行到当前程序的下一段去执行另外的语句。

模态调用宏程序的格式：

G66 P程序名称　L调用次数＜赋初值给自变量＞；

其中，程序名称取程序名字O后面的四位数字，L后面为调用次数，当调用次数为1时，次数可以省略，通过赋初值的方法将自变量的值对自变量的参数进行传递，从而进行相应的变量运算。模态调用参数传递如图1-3所示。

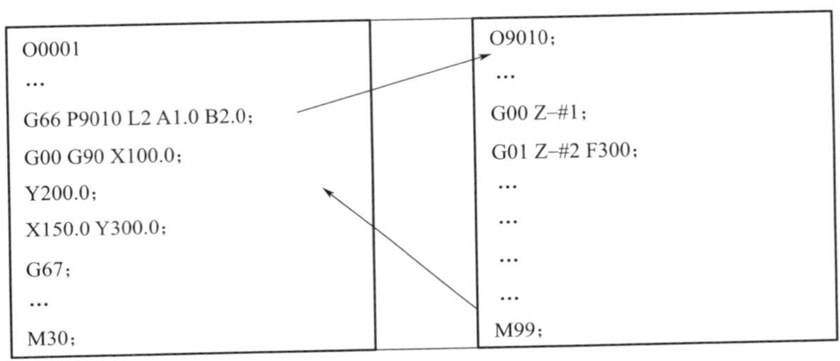

图1-3　模态调用参数指令G66

1.2　数控参数宏程序编程算法

1.2.1　宏程序编程的基本方法

当参与实际参数化程序开发或零件产品的参数化宏程序编写时，编程人员可以选择多种方法进行编程。参数化模块化编程主要方法为：

① 首先确定零件产品的参数设计的目标。

② 制定计划。首先由图纸开始，用参数化编程方法研究类似的图纸。确定哪些特征不变，哪些特征可能改变，制定可行的实施计划。

③ 研究零件图的相关公式或算法。认真研究零件图涉及的基本参数公式或算法，确定程序编程原点、刀具补偿值、换刀点、起刀点等。

④ 确定刀具路径加工方法。根据切削用量，合理选用切削用量。确定进刀路线、退刀路线，确定安全退刀距离。

⑤ 设计参数化的变量。依据参数宏程序对变量的相关规定，设计相应

的参数变量代码的定义，为后续编程引用打好基础。

⑥ 设计流程图。清晰的流程图在参数化的宏程序开发阶段是很有帮助的。很多编程人员把流程图设计当作程序设计的必要阶段。编程流程图能大大减轻开发难度，使编程人员思路清晰，同时减少错误的发生。

⑦ 编写参数化模块化的参数宏程序。将参数化的定义代码编写为数控系统能识别的参数化宏程序，为真正进行零件的实体切削做好准备。

⑧ 模拟仿真或上机调试。经过参数化设计的程序，需要经过数控仿真软件进行仿真或在数控机床上实体切削验证，才能保证参数化的程序得到实际应用。

1.2.2 宏程序的算法分析

编制高质量的数控宏程序代码，事先要根据加工零件图进行合理的算法设计，然后依据算法设计的要求绘制程序流程图，再根据程序流程图设计相应的用户宏变量和控制流向的语句，从而编制出数控系统能识别的宏程序代码。

数控宏程序的算法（algorithm）是指编制数控宏程序代码而选用的数学处理的方法和步骤。宏程序编程中，变量是操作的对象，操作的目的是使变量执行数学运算、逻辑运算，结合控制程序执行流向的语句，实现编程人员的预期目的，最终生成能被数控机床识别且能加工出合格零件产品的数控宏程序代码。

宏程序编程的特殊性在于预先要设计好算法，也就是要分析加工步骤及路径设计，根据算法绘制流程图；根据算法合理设计变量，选择程序执行流向的判断分析语句，最后结合数控机床系统提供的编程代码宏程序指令，编制出能被数控系统识别的宏程序代码。算法有三种常用的表示方法：自然语言、流程图（程序图、N-S 图）、程序语言。要清晰表达算法，最高效的方法就是有用流程图来表示。

1.2.3 宏程序的流程图

流程图的典型结构有顺序结构、条件分支结构和循环结构，三种典型的结构在数控宏程序编程实践中，需要根据实际情况选用。

(1) 顺序程序结构流程图

顺序程序结构的语句与语句之间、框图与框图之间，按照从上到下的顺序依次执行流程图中的所有框图。顺序结构由许多个依次执行的步骤组成，执行的步骤之间没有程序跳转，顺序结构是最基本的逻辑算法结构。顺序程序结构流程图如图 1-4 所示，A 框和 B 框是顺序执行的，只有执行了 A 框基本操作步骤后，才能执行 B 框图的操作步骤和操作内容。

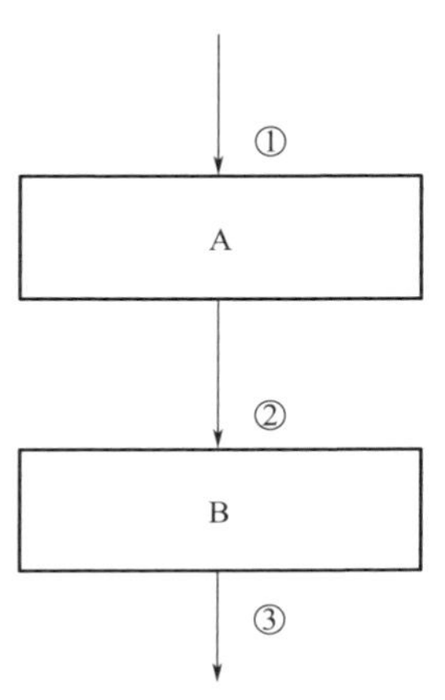

图 1-4 顺序结构流程图

（2）条件选择结构流程图

条件选择结构流程图如图 1-5 所示。本程序结构中包含了一个判断框图，程序会判断 P 框条件是否成立，如果 P 条件成立，则执行 B 框中的操作内容；如果条件 P 不成立，则跳转执行 A 框中的操作内容。条件选择结构是条件选择语句，即可以改变算法执行操作内容的流向，无论判断框 P 条件是否成立，程序只能执行 A 框或 B 框，不可能既执行 B 框操作内容，又执行 A 框的操作内容，也不可能 A 框、B 框都不执行。该流程图结构和数控宏程序编程中控制程序执行流向的条件判断语句，IF［条件成立］GOTOn 语句，在实际使用应用效果上是相同的。

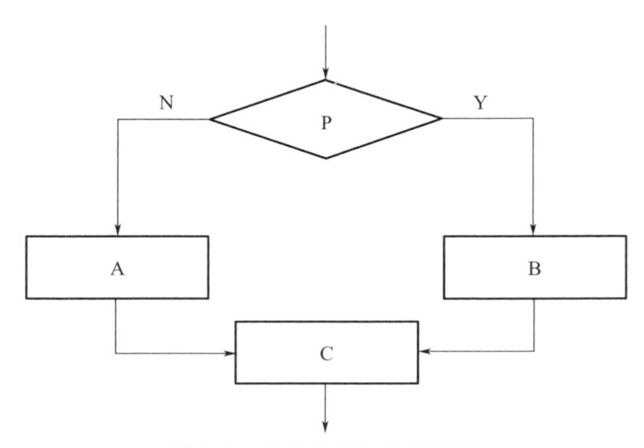

图 1-5 条件选择结构流程图

（3）循环结构流程图

数控宏程序的算法中，需要重复执行同一操作内容的结构称为循环结构。从算法某处开始，按照一定的条件重复执行的内容称为循环体。循环结构有两种类型：当型循环结构和直到型循环结构。

当型循环结构流程图如图 1-6 所示，其执行过程为首先判断判断框 P 内的条件语句是否成立，如果成立则重复执行 B 框中的操作，此时判断框 P

和处理框 B 构成一个当型循环结构；如果判断框 P 内的条件语句不成立，跳转执行 C 框中的操作步骤。该流程图结构和数控宏程序编程控制程序执行流向的条件判断语句 WHILE [] DOm 可以实现本循环功能。

直到型循环结构是先执行一次循环体之后，再对条件表达式进行判断，当条件表达式不满足时执行循环体，如果满足时则退出循环。直到型循环结构流程图如图 1-7 所示。两种循环结构的主要区别为当型循环是先判断条件后执行循环；直到型循环结构是先执行一次循环体，然后再判断条件表达式是否继续循环；当型循环是在条件满足时才执行循环体，而直到型循环是在条件不满足时才执行循环体。

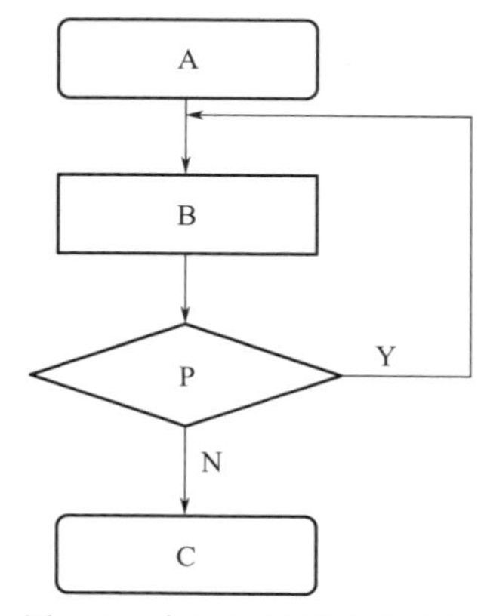

图 1-6　当型循环结构流程图

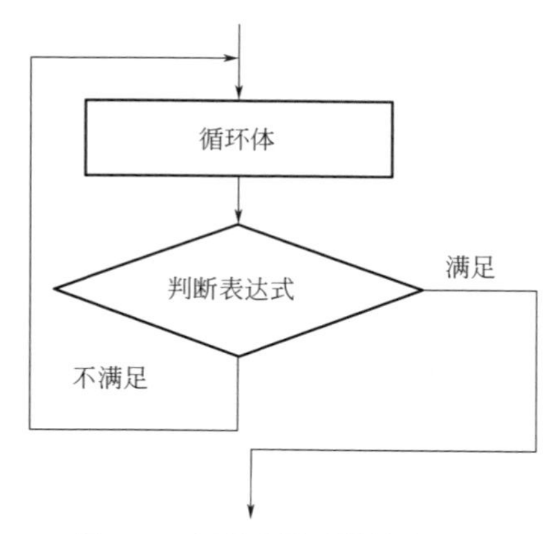

图 1-7　直到型循环结构流程图

第2章

数控车削宏程序编程

2.1 数控车削光轴宏程序编程的基本原理

2.1.1 数控车削光轴的基本方法

数控车削光轴宏程序，首先是建立光轴加工的分层数学算法。图 2-1 是加工光轴的零件图。

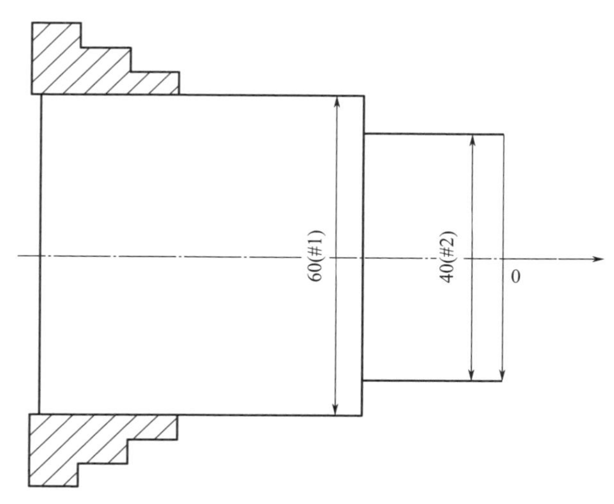

图 2-1 光轴零件图

光轴加工的 X 方向的总余量为 $X=60mm-40mm=20mm$。根据机械加工工艺文件，不能一刀切除，需要分层分次加工，设每次 X 向加工 2mm，那么需要 10 次完成。

2.1.2 数控车削光轴的变量参数设计

可以考虑设计两个变量，一个变量用于存放最大直径 60mm，即＃1＝60mm，另一个变量为加工的最后尺寸 40mm，即＃2＝40mm。光轴加工的变量表如表 2-1 所示。

表 2-1 光轴变量表

＃1	光轴的毛坯直径
＃2	光轴的最后加工直径

2.1.3 数控车削光轴的流程图

光轴加工流程图如图 2-2 所示。车削主要是判断其直径是否小于加工尺

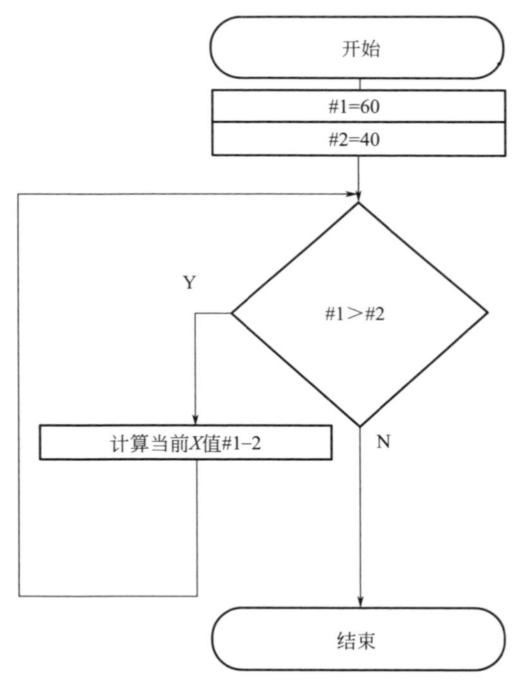

图 2-2 光轴加工流程图

寸 40mm，如果是＃1 变量值大于 40mm，那么继续执行循环体的内容，否则退出循环，加工结束。

2.1.4 数控车削光轴的宏程序

```
O0001;(正常切削,不用宏程序)
N01  G54G0X100Z60;(调用 G54 坐标系,定位到 X100Z60 处)
N03  T0101;
N05  M03S800;
N07  G0X65Z5;
N09  G01X58;
N11  G1Z－40F0.2;
N13  X60;
N15  G0Z5;

N17  G0 X58;
N19  G1Z－40F0.2;
N21  X60;
N23  G0Z5;

N25  G0 X56;
N27  G1Z－40F0.2;
N29  X60;
N31  G0Z5;

N25  G0 X54;
N27  G1Z－40F0.2;
N29  X60;
N31  G0Z5;
......
N33  G0 X40;
N35  G1Z－40F0.2;
N37  X60;
N39  G0Z5;

N41  G0 X100Z60;
```

```
N43  M05;
N45  M30;
%
```

从上面普通的程序可以看出，每次切削所用程序都只是切削直径 X 方向有变化，其他程序代码没有变化。因此可以将 X 赋给变量＃1，将每次切削后的值减 1mm，并重新赋值给变量＃1。

```
O0011;(采用宏程序编程)
N01  G54 G00 X100 Z60;(调用 G54 坐标系,定位到 X100 Z60 处)
N03  T0101;(选用 T01 刀具)
N05  M3 S800;(主轴转速 800r/min)
N07  G0 X65 Z5;(定位到 X65 Z5 处)
N09  ＃1＝60;(赋初始值,即第一次切削直径)
N10  G0 X[＃1] ;(将初值赋给变量＃1)
N13  G1 Z－40 F0.2;
N15  X62;
N17  G0Z5;
N19  ＃1＝＃1－2;(每行切深为 1mm,直径方向递减 2mm)
N21  IF [＃1GE＃2] GOTO 10;(如果＃1＞＃2,即此表达式满足条件,那么程序跳
                              转到 N10 继续执行)
N23  G0 X100 Z60;  (当不满足＃1＞＃2,即＃1＜40mm,则跳过循环判断语句,程
                    序结束)
N25  M5;
N27  M30;
```

2.2 数控车削椭圆宏程序编程的基本原理

2.2.1 数控车削椭圆的基本公式

数控车削椭圆宏程序，首先是建立椭圆的数学公式模型。图 2-3 是加工椭圆的零件图。

(1) 椭圆的标准方程

椭圆在 X-Z 直角坐标系中的标准方程为

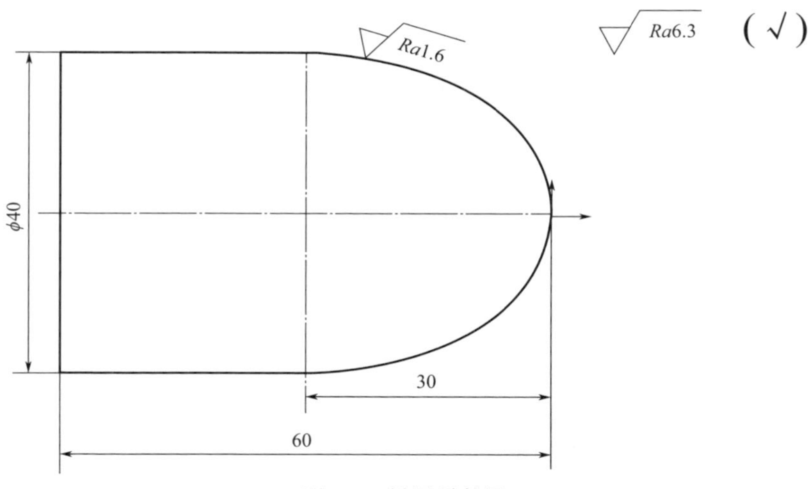

图 2-3 椭圆零件图

$$X^2/a^2+Z^2/b^2=1 \tag{2-1}$$

在第Ⅰ、Ⅱ象限中

$$X=\frac{b}{a}\sqrt{a^2-z^2}\text{，或 }X=b\sqrt{1-z^2/a^2} \tag{2-2}$$

在第Ⅲ、Ⅳ象限中

$$X=-\frac{b}{a}\sqrt{a^2-z^2}\text{，或 }X=-b\sqrt{1-z^2/a^2} \tag{2-3}$$

因数控车削类零件轮廓大部分在第Ⅰ、Ⅱ象限中，故数控车削椭圆零件常用式(2-1)、式(2-2)。

(2) 椭圆的方程

椭圆在 X-Z 直角坐标系中的方程为

$$Z=a\cos t \tag{2-4}$$

$$X=b\sin t \tag{2-5}$$

其中，变量 t 的取值范围为 [0°,360°)。

2.2.2 数控车削椭圆的等间距直线逼近算法

椭圆的等间距直线逼近算法原理如图 2-4 所示，将椭圆按相同的距离离散分段为若干直线段，然后分别计算 X 坐标值和 Z 坐标值，用直线插补指令加工直线，每加工完成一步，变量 Z 值减少一个步距值，当 Z 坐标值加工到给定椭圆终点坐标值时，椭圆循环过程结束，完成椭圆曲面的加工。

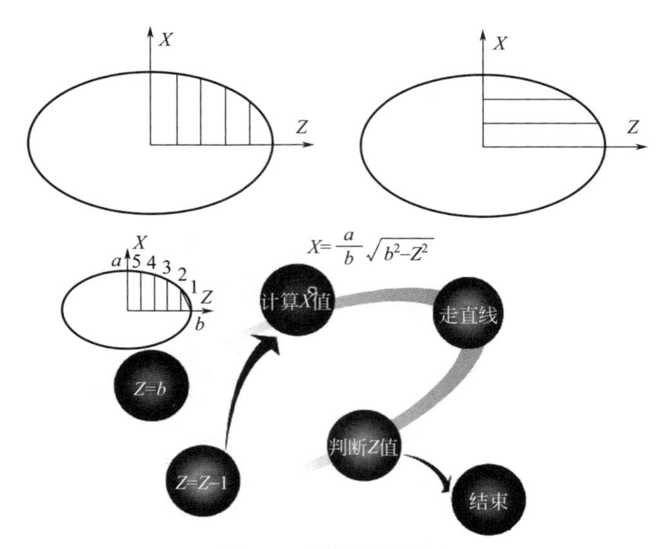

图 2-4　椭圆等间距法

椭圆在 X-Z 直角坐标系中的直线逼近切削图如图 2-5 所示。直线插补原理是从 C 到 D 段将其离散分成许多等份，如 100 等份、200 等份。将每一等份的 Z 向值设为一个步距，刀具从 C 点到 D 点加工走完所有的离散点，离散加工出整个椭圆轮廓曲面。

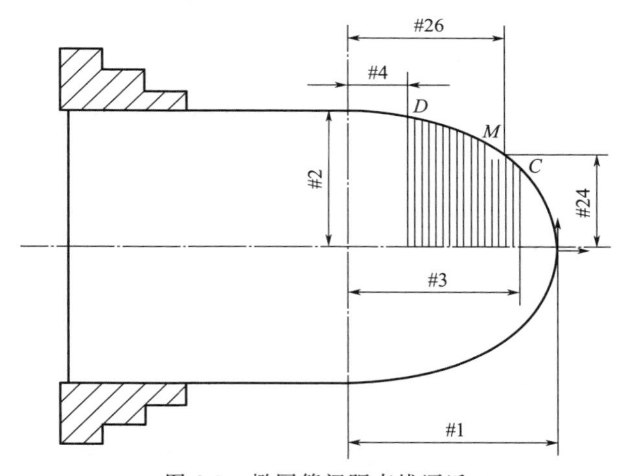

图 2-5　椭圆等间距直线逼近

2.2.3　数控车削椭圆的等间距变量参数设计

椭圆的直线逼近加工需要设置其长半轴的加工变量参数 ＃1，短半轴的加工变量参数#3，步距值变量参数#5，数控车削时的进给速度值变量参数#4，如表 2-2 所示。

表 2-2　椭圆等间距宏程序设计

#1	椭圆的长半轴 a 轴	#5	步距值
#3	椭圆的短半轴 b 轴	#2	中间变量
#4	进给速度	#6	中间变量

2.2.4　数控车削椭圆的等间距直线逼近流程图

椭圆等间距直线逼近加工流程图如图 2-6 所示。

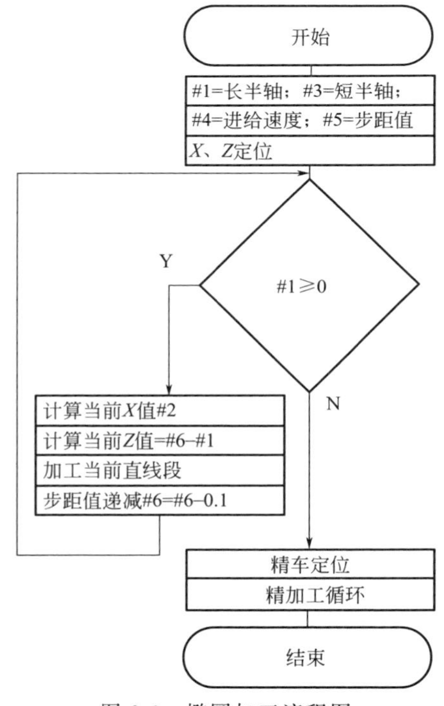

图 2-6　椭圆加工流程图

2.2.5　数控车削椭圆的等间距直线逼近宏程序

```
O0301;
N100  G54G40G99G00X100.Z50.;(设置 G54,取消刀补,定位至 X100mm、Z50mm 处,
```

```
                    进给速度单位设置为 mm/r)
N110  M03T0101 S900;(主轴正转,转速为 900r/min,刀具为 T01 号,1 号刀补)
N120  ＃1＝30.0;(1 号变量赋初值为 30.0)
N130  ＃3＝20.0;(3 号变量赋初值为 20.0)
N140  ＃4＝0.25;(4 号变量赋初值为 0.25)
N150  ＃5＝0.1;(5 号变量赋初值为 0.1)
N150  G00X[2*＃1＋10.0] Z5.0;(刀具快速定位)
N160  G71 U2.5 R1;(G71 循环,指定进刀量和退刀量)
N170  G71 P180 Q300 U1.0 W0.5 F＃4;(G71 循环,指定起止段号,精车余量)
N180  G00 X0.0;(刀具快速移动到 X0.0mm)
N190  G42 G01 X0. F＃5;(设置刀具右刀具)
N200  Z0.0;(刀具快速移动到 Z0.0mm)
N210  ＃6＝＃1;(1 号变量赋给 6 号变量)
N220  WHILE [＃1 GE 0] DO1;(判断 1 号变量是否大于等于 0)
N230  ＃2＝＃3*SQRT[＃1*＃1－＃6*＃6]/＃1;(2 号变量计算)
N240  G01 X[2*＃2] Z[＃6－＃1] F＃5;(直线插补)
N250  ＃6＝＃6－0.1;(6 号变量递减 0.1)
N260  END1;(DO 循环结束)
N270  G01 W－5.;(直线插补至 Z 增量 5mm)
N280  X30.;(直线插补至 X30.0mm)
N290  Z－60.;(直线插补至 Z－60.0mm)
N300  G40 X33.;(直线插补至 X33.0mm,取消刀补)
N310  G00X[2*＃1＋10.0] Z5.0;(精车前定位)
N320  M03 S1500;(正转,主轴转速为 1500 r/min)
N330  G70 P180 Q300;(精车)
N340  G00 X100.Z50.;(退刀)
N350  M05;(主轴停止)
N360  M30;(程序结束)
```

2.2.6 数控车削椭圆的等角度直线逼近算法

椭圆的等角度直线逼近算法原理如图 2-7 所示，离心角度从 0°到终止 90°，每加工一步，然后计算其 X、Z 坐标值，直到循环条件终止，结束加工程序。

2.2.7 数控车削椭圆的等角度直线逼近变量参数设计

椭圆的等角度直线逼近变量参数共 7 个，部分变量定义如表 2-3 所示。

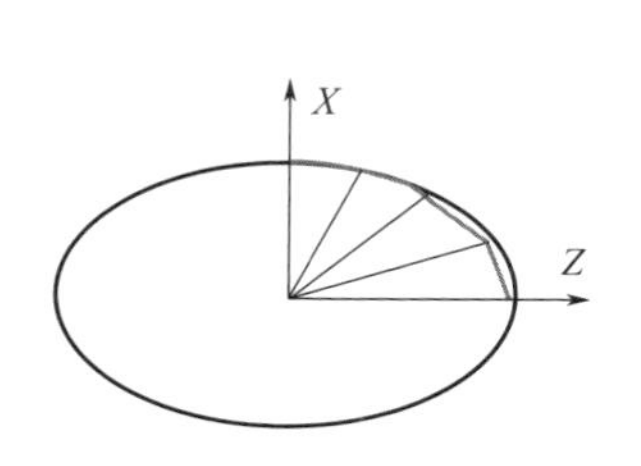

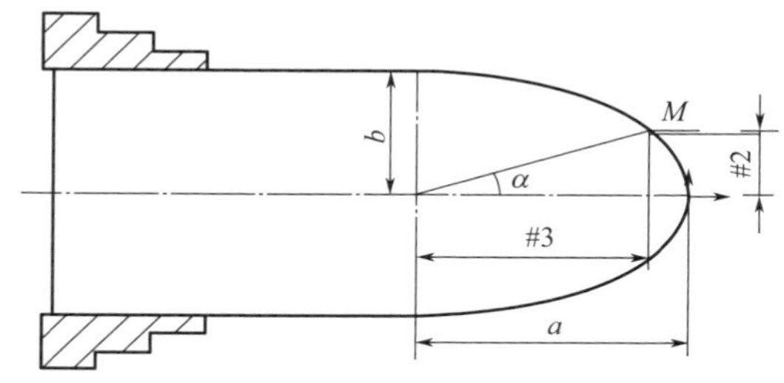

图 2-7　椭圆等角度加工

表 2-3　椭圆等角度宏程序设计

#1	角度	#5	角度终止值
#3	椭圆的 Z 坐标值	#6	椭圆的短半轴 b
#2	椭圆的 X 坐标值	#7	椭圆的长半轴 a

2.2.8　数控车削椭圆的等角度直线逼近流程图

椭圆等角度加工的直线逼近加工流程图如图 2-8 所示。

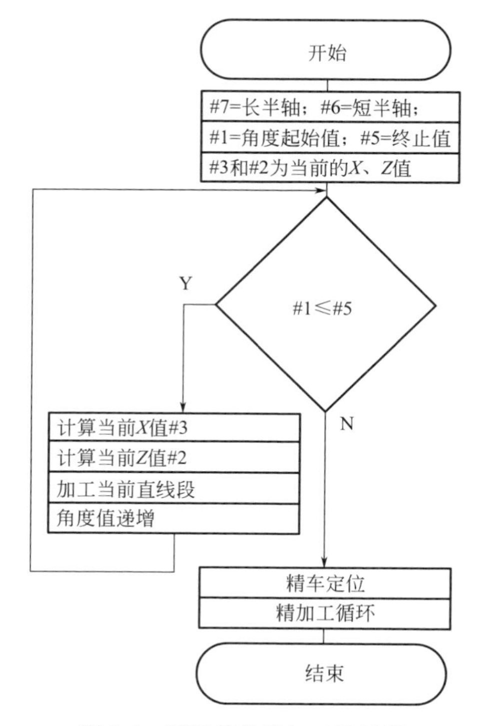

图 2-8　椭圆等角度加工流程图

2.2.9 数控车削椭圆的等角度直线逼近宏程序

椭圆等角度加工的直线逼近宏程序，使用＃2 代表 X 坐标上的点，用＃3 代表 Z 坐标上的点，a 和 b 分别是椭圆的长短半轴。$Z=a\cos\alpha$，$X=b\sin\alpha$，采用方程编写的宏程序为：

```
＃1＝0;(＃1 为初始角度 0)
＃5＝90;( ＃5 为终止值)
＃6＝b;(椭圆短半轴 b)
＃7＝a;(椭圆长半轴 a)
N300  ＃2＝20 * cos[＃1];(Z 坐标计算值)
＃3＝10 * sin[＃1];(X 计算值)
G01 X[2 * ＃3]Z＃2 F200;(直线插补)
＃1＝＃1＋0.5;(角度循环累加 0.5°)
IF [＃1 LE ＃5] GOTO300;(如果角度小于等于 90°,程序转移到第 300 行语句运行,
                         如果大于 90°,结束直线插补)
O0302;
N100  G54G99G00X100Z50;(设置 G54,取消刀补,定位至 X100mm、Z50mm 处,进给
                         速度单位设置为 mm/r)
N110  T0101 M3 S1600;(主轴正转,转速为 1600r/min,刀具为 T01 号,1 号刀补)
N120  GOO X34 Z2.0;(刀具快速定位至 X34mm、Z2mm 处)
N130  ＃5＝90;(5 号变量赋初值为 90.0)
N140  ＃6＝20;(6 号变量赋初值为 20.0)
N150  ＃7＝30;(7 号变量赋初值为 30.0)
N160  G73 U16 W2 R8;(G73 循环,指定总退刀量和切割次数)
N170  G73 P180 Q290 U1 W0.05 F0.35;(G73 循环,指定起止段号,精车余量)
N180  G00 X0.0;(刀具快速移动到 X0.0mm)
N190  G42 G01 Z0.F0.2;(设置刀具右偏刀具补偿)
N200  ＃1＝0;(角度初始值)
N210  WHILE [＃1 LE ＃5] DO1;(判断 1 号变量是否小于等于 5 号变量)
N220  ＃2＝＃6 * SIN[＃1];(2 号变量计算)
N230  ＃3＝＃7 * COS[＃1];(3 号变量计算)
N240  G01 X[2 * ＃2] Z[＃2－30.0]F0.2;(直线插补)
N250  ＃1＝＃1＋0.5;(1 号变量递增 0.5)
N260  END 1;(循环结束)
N270  G01 W－5.0;(直线插补至 Z 增量 5mm)
```

```
N280  X30.0;(直线插补至 X30.0mm)
N290  G40 X33;(直线插补至 X33.0mm,取消刀补)
N300  Z10.;
N310  M03 S1800;(正转,主轴转速为 1800r/min)
N320  G70 P180 Q290;(精车循环)
N330  G00 X100. Z50.;(退刀)
N340  M05;(主轴停止)
N350  M30;(程序结束)
```

2.3 数控车削双曲线宏程序编程的基本原理

2.3.1 数控车削双曲线的基本公式

(1) 双曲线的公式

数控车削双曲线宏程序，首先是建立双曲线的数学模型。图 2-9 是加工双曲线的零件图形。

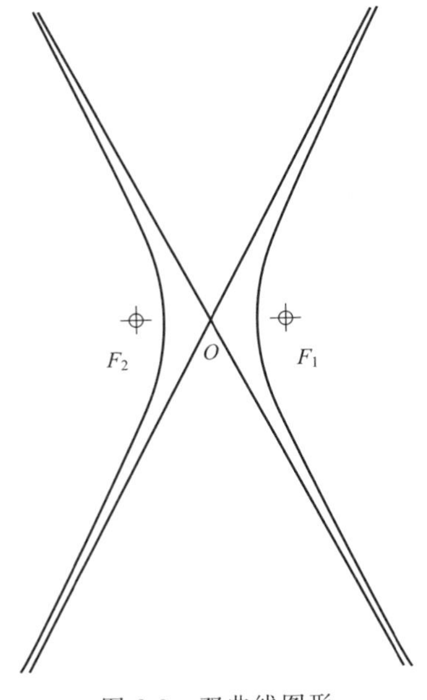

图 2-9 双曲线图形

双曲线公式如表 2-4 所示。

表 2-4　双曲线公式

双曲线方程	
类别	表达式
标准方程	$\frac{X^2}{a^2}-\frac{Y^2}{b^2}=1$
焦距 $OF_1=OF_2$，离心率 ε	$OF_1=OF_2=\sqrt{a^2+b^2}$ $\varepsilon=OF_1/OF_2=\sqrt{a^2+b^2}/a$，$(\varepsilon>1)$
方程(直角坐标) (θ 叫双曲线的离心角)	$X=\int(\theta)\rightarrow X=a/\cos\theta$，(或 $X=a\sec\theta$) $Y=\int(\theta)\rightarrow Y=b\tan\theta$
极坐标方程(ρ 为焦弦之半)	焦点 F_1 为极点，F_1X 为极轴$\rightarrow r=\rho/(1-\varepsilon\cos\theta)$
	焦点 F_2 为极点，F_2X 为极轴$\rightarrow r=\rho/(1+\varepsilon\cos\theta)$

(2) 双曲线的数学分析

双曲线的定义为平面内与两个定点 F_1、F_2 的距离之差的绝对值为常数 $2a$ 的动点 M 的运动轨迹。如图 2-10 所示，定点 F_1、F_2 在 Y 轴上时，双曲线的标准方程为 $X^2/a^2-Y^2/b^2=1$。双曲线的曲率大小直接对数控加工有较大影响，曲线的曲率反映了曲线的弯曲程度，曲率越大，曲率半径就越小，曲线弯曲越严重；反之，曲率越小，曲率半径越大，曲线越平滑。在数控车削加工中，要充分考虑曲线的曲率，选择合适的数控车削刀具，否则将会在加工过程中产生过切或干涉。如图 2-11 所示，双曲线上的 M 点处的曲率半径 R 最小，曲率最大。加工时，为了减小车削刀具对双曲线轮廓的影响，使用刀尖圆弧半径较小的尖头车刀较为合理。数控车削试验证明，加工双曲线时，选择数控刀片的刀尖圆弧半径为 0.4mm，主后角为 6°～8°，数控车削加工的切削效果较好。双曲线的标准方程为 $X^2/a^2-Y^2/b^2=1$，若以 X 为变量，将 Y 变换成 X 的函数，即 $Y=a\sqrt{1+\frac{X^2}{b^2}}$，结合数控系统中工件坐标系对数控坐标轴的定义方法，数控车床只有 X 轴和 Z 轴，由此可得：$X=a\sqrt{1+\frac{Z^2}{b^2}}$，即 $X=2a\sqrt{1+\frac{Z^2}{b^2}}$。

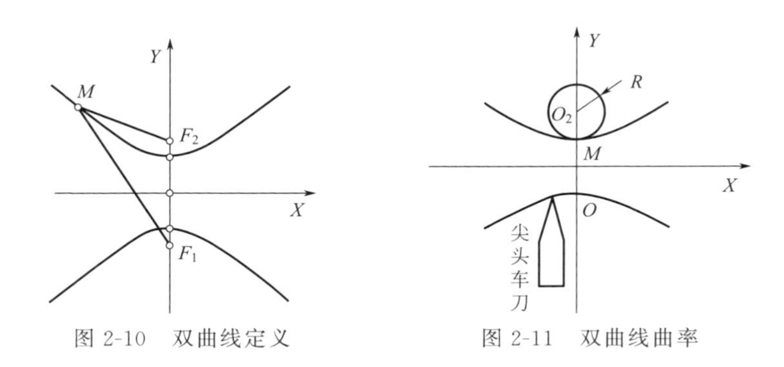

图 2-10　双曲线定义　　　图 2-11　双曲线曲率

2.3.2　数控车削双曲线的变量参数设计

双曲线零件在车削加工过程中，通常以 Z 为自变量，X 作为 Z 的函数，依据上述的函数计算公式，得到 $X=2a\text{SQRT}\ [1+Z^2/b^2]$，其中，$Z$ 的变化区间选择 $[d,-d]$，并且采用直线插补运算，即 Z 方向步距均匀增加(通常步距选择 0.01～0.04mm)，系统能够自动计算出变量 X 值。其设置见表 2-5。

表 2-5　双曲线宏程序变量参数设计

#1	双曲线的实半轴长 a	#19	双曲线起点对称中心的 Z 向距离值 S
#2	双曲线的虚半轴长 b	#20	双曲线终点对称中心的 Z 向距离值 T
#24	双曲线对称中心的工件坐标横向绝对坐标值 X_0	#6	步距值 K
#26	双曲线对称中心的工件坐标纵向绝对坐标值 Z_0	#9	切削速度 F
#21	双曲线起点 X 向半径值 $U=X/2$		

2.3.3　数控车削双曲线的直线逼近流程图

双曲线直线加工流程图如图 2-12 所示。

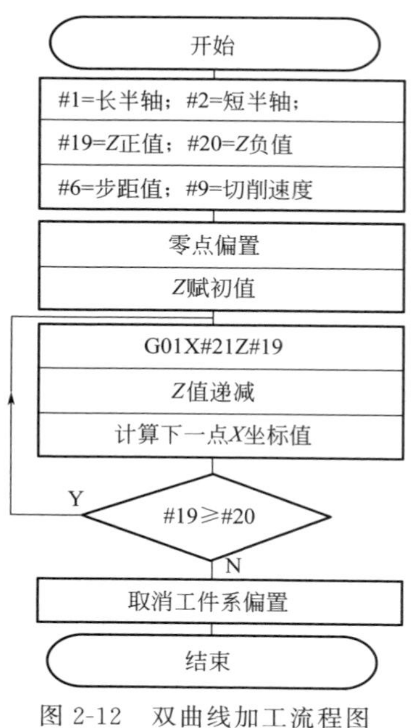

图 2-12　双曲线加工流程图

2.3.4　数控车削双曲线的直线逼近宏程序

经过双曲线变量参数设计及程序流程图分析，编写宏程序如下：

```
O0303;(双曲线类零件主程序)
N01   G54G99G97G40G0X120Z120;
N03   M03S1800;
N05   T0101;
N07   M08;
N09   G65 P0313 X_ Z_ A_ B_ S_ T_ U_ K_ F_;(调用双曲线宏程序)
N11   M05;
N13   M09;
N15   M30;

O0313;( 双曲线子程序)
N01   G52 X＃24 z＃26;( 设定双曲线局部坐标系)
N03   G01 X＃21 Z＃19F＃9;(直线插补)
N05    ＃19＝＃19－＃6;(Z 方向的步距值递减)
N07    ＃21＝＃1*SQRT[1＋[＃19*＃19]/[＃2*＃2]];(重新计算当前的 X 坐标值)
```

```
N09  IF[#19GE#20] GOTO03;(满足条件时转移到 03 行)
N11  G52 X0Z0;(取消局部坐标系)
N13  M99;(子程序调用结束,返回主程序)
```

2.4 数控车削抛物线宏程序编程的基本原理

2.4.1 数控车削抛物线的基本公式

(1) 抛物线的基本公式

抛物线零件车削加工过程中，通常以坐标 Z 为自变量，X 作为坐标 Z 的函数，根据以上的函数公式变换，$X^2=-2PZ$ 或 $X^2=2PZ$，采用 G1 直线插补，即坐标 Z 方向步距递增（步距选择 0.1～0.4mm），系统自动计算出当前的坐标 X 值。运用抛物线方程求出其曲线上各点的坐标值，然后把各点连接为直线，形成抛物线曲线轮廓。为适应不同的抛物线，编写一个只有变量而不使用具体数据的宏程序，在主程序中调用该宏程序，并且为其赋初始值。当需要加工不同尺寸的抛物线时，只需修改主程序中的用户宏指令赋值数据，就可以直接进行同类零件的加工。抛物线图如图 2-13 所示。

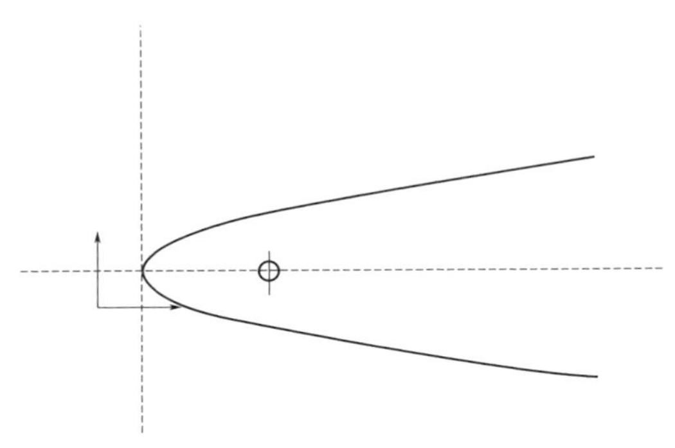

图 2-13 抛物线图形

抛物线公式设计如表 2-6 所示。

表 2-6 抛物线公式

类别	公式
标准方程	$X^2=2pZ$

续表

类别	公式
焦距 OF，离心率 ε	$\varepsilon=OF=\rho/2(\varepsilon=1)$
方程(极坐标)ρ 为焦弦之半	F 为极点，FX 为极轴→$r=\rho/(1-\cos\theta)$

（2）抛物线的数学分析

抛物线加工常用的方法为间距相等的抛物线法和弦长相等的抛物线法，如图 2-14、图 2-15 所示。图 2-14 采用的方法为间距相等的抛物线法，该方法主要根据高等数学中的数字积分插补方法，在满足曲线加工精度的条件下，将抛物线用直线或圆弧逼近后，计算其两者的误差，当误差小于加工精度后，用逼近的圆弧或直线替代原来的抛物线，从而将抛物线转为短直线或圆弧，使用 G01 或 G02、G03 指令完成整个抛物线的加工，并且满足零件规定精度的要求。图 2-15 所示弦长相等的抛物线法是将抛物线划分为相等的弦长 L，并计算等弦长 L 与原抛物线的误差，当误差满足加工精度时，采用等弦长 L 替代抛物线完成零件的加工。

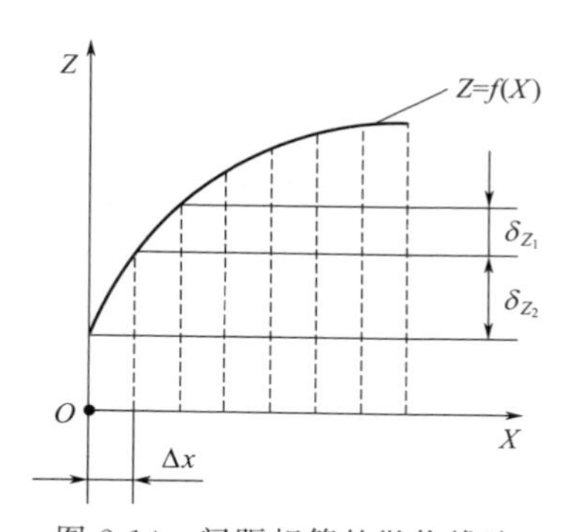

图 2-14 间距相等的抛物线法

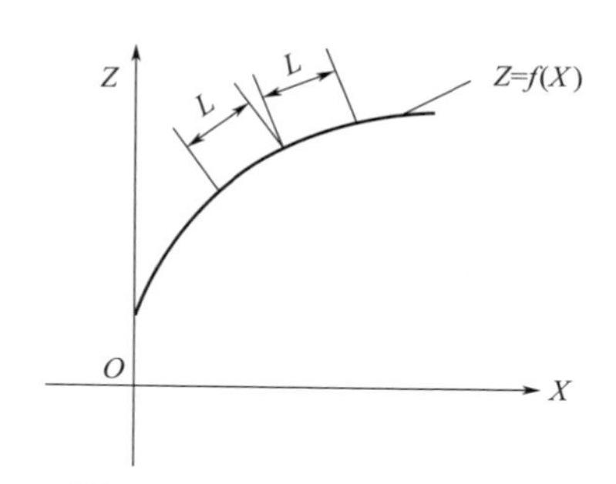

图 2-15 弦长相等的抛物线法

间距相等的抛物线法加工抛物线时，受到抛物线曲率的影响很大。如果曲线曲率较大，零件加工时的直径差值变得很大，直接导致加工时的切削深度不均匀，从而使零件加工后的表面粗糙度差，尺寸达不到规定的加工精度和要求。而弦长相等的抛物线法就不会存在上述问题，因为每段的弦长是相等的，在零件的陡峭部分加工时，切削厚度也是相同的，这样，零件的尺寸加工精度较高，同时能获得较好的表面粗糙度。下面的例子采用等弦长法。

2.4.2 数控车削抛物线的变量参数设计

数控车削抛物线宏程序，首先是建立抛物线的数学模型。图 2-13 是加工抛物线的零件图。根据抛物线的基本公式进行宏程序设计，详细设计如表 2-7 所示。

表 2-7　抛物线宏程序变量参数设计

#24	抛物线上的动点 X_m 坐标值	#22	抛物线的开口距离 V
#26	抛物线上的动点 Z_m 坐标值	#6	抛物线的步距值 K
#17	抛物线焦点坐标在 Z 轴上绝对值的 2 倍，即 $Q=2P$	#9	抛物线的进给速度 F

2.4.3　数控车削抛物线的直线逼近流程图

抛物线直线逼近加工流程图如图 2-16 所示，以 $X^2=-2PZ$ 为基本公式。

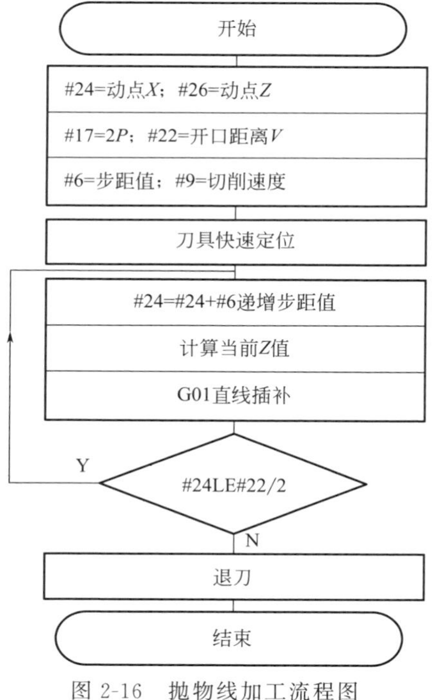

图 2-16　抛物线加工流程图

2.4.4　数控车削抛物线的直线逼近宏程序

抛物线直线插补逼近加工宏程序如下：

```
O0304;(抛物线加工主程序)
N01  G54G99G97G40;(选 G54 工件坐标系)
N02  G00X100;
N03  Z100;
N04  M03S800;
N05  T0101;
N07  M08;
N09  G65 P0314 X_ Z_ Q_ V_ K_ F_;( 调用抛物线类零件宏程序)
N10  G00X100;
N11  Z100;
N12  T0101;
N13  M05;
N14  M09;
N15  M30;

O0314;( 抛物线类零件子程序)
N01  G0 X#24 Z#26;(刀具快速靠近抛物线顶点)
N03  G1 Z#2F#9; (直线插补到抛物线顶点)
N05  #24=#24+#6;(X 向步距值增加)
N07  #26=-[#24*#24]/[2*#17];(计算当前坐标 Z 值)
N09  G01X#24 Z#26F#9; (直线插补)
N11  IF[#24LE#22/2] GOTO 05;(如果#24 小于或等于#22 的一半,程序跳转到
                              第 05 行程序)
N13  G01X#22 Z#26F#9; (退刀)
N15  G00X100;(返回换刀点)
N16      Z100;
N17  M99; (调用子程序结束,并返回到主程序)
```

2.5 数控车削球曲面宏程序编程的基本原理

2.5.1 数控车削球曲面的基本公式

数控车削加工球曲面如图 2-17 所示，球曲面公式在平面中转化为圆的

标准公式。当圆心为（X_0,Y_0），其半径为 R 时的圆标准方程为

$$(X-X_0)^2+(Y-Y_0)^2=R^2 \tag{2-6}$$

或其方程为

$$X=X_0+R\cos\theta, Y=Y_0+R\sin\theta \tag{2-7}$$

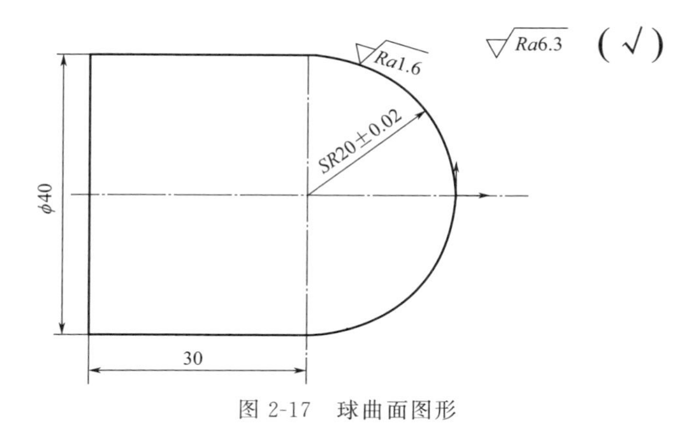

图 2-17　球曲面图形

为方便编程，常用宏程序进行数控编程。球曲面定义如图 2-18 所示。当需要加工不同尺寸的抛物线时，只需修改主程序中用户宏指令的赋值数据就可以直接进行加工。

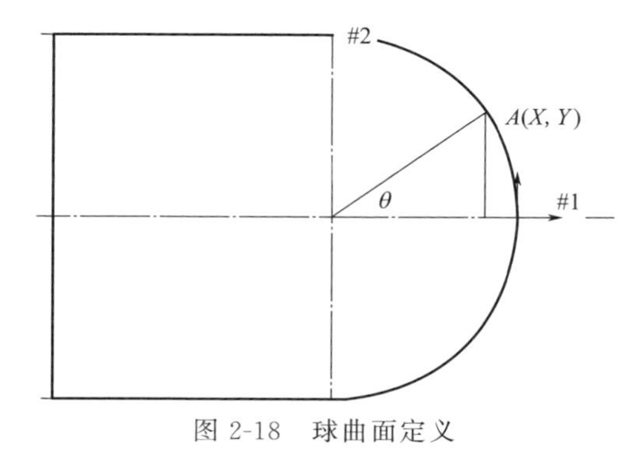

图 2-18　球曲面定义

2.5.2　数控车削球曲面的变量参数设计

数控车削球曲面宏程序，首先是建立球曲面的数学模型。图 2-18 是加工球曲面的定义图。根据球曲面的基本公式进行宏程序设计，如表 2-8 所示。

表 2-8　球曲面宏程序变量参数设计

#4	球曲面的动点 X 坐标值	#1	球半径
#5	球曲面的动点 Z 坐标值	#3	终止值
#2	球曲面的起始角度值	#9	抛物线的进给速度 F

2.5.3　数控车削球曲面的流程图

球曲面加工流程图如图 2-19 所示，以方程 $X=X_0+R\cos\theta$，$Y=Y_0+R\sin\theta$ 为基本公式。

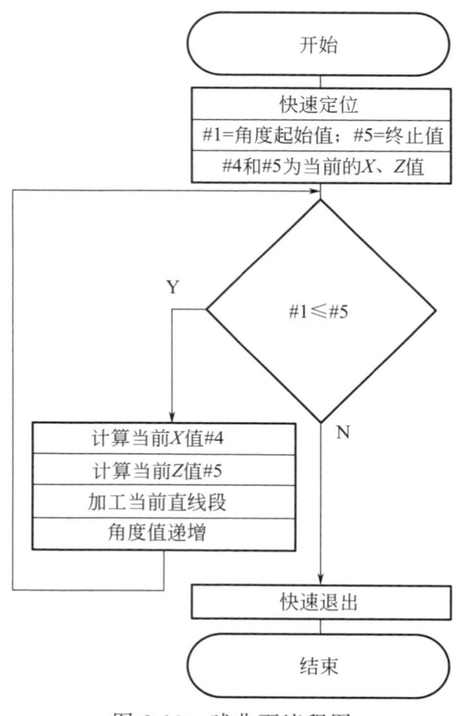

图 2-19　球曲面流程图

2.5.4　数控车削球曲面的宏程序

球曲面的宏程序如下：

```
O0305;（球曲面加工主程序）
N01  G54G99G96G40G0X120Z120;
```

```
N03  M03S1200;
N05  T0101;
N07  M08;
N09  G65 P0315 A_ B_ C_ F_;(调用球曲面类零件宏程序)
N11  M05;
N13  M09;
N15  M30;

O0315;( 球曲面类零件子程序)
N01  G0 X0. Z10. 0;(刀具快速接近球曲面顶点)
N03  G1 Z0. F#9; (直线插补到球曲面顶点)
N05  #4=2*[#1]*SIN[#2];(计算 X 坐标值)
N07  #5=#1*COS#2;(计算 Z 坐标值)
N09  G1 X#4 Z#5F#9; (直线插补)
N11  #2=#2+0. 5;(角度增加 0. 5°)
N13  IF[#2 LE #3] GOTO 05;(如果#2 小于或等于#3,程序执行第 05 行程序)
N15  G00X120. ; (快速退刀)
N17  Z120. ;(返回换刀点 Z120)
N19  M99; (调用子程序结束,返回主程序)
```

2.6 数控车削普通三角形外螺纹宏程序编程的基本原理

2.6.1 数控车削普通三角形螺纹的基本计算

(1) 螺纹的分类

螺纹按用途可分为连接螺纹和传动螺纹；按牙型可分为三角形螺纹、梯形螺纹、矩形螺纹、变螺距矩形螺纹、锯齿形螺纹及圆形螺纹等；按旋线方向可分为左旋螺纹和右旋螺纹；按螺旋线头数可分为单头螺纹和多头螺纹；按母体形状可分为圆柱螺纹和圆锥螺纹；按螺纹所在的表面可分为内螺纹和外螺纹等。

(2) 螺纹的基本术语

① 螺纹公称直径　螺纹公称直径代表螺纹尺寸的直径，指螺纹大径的基本尺寸。

外螺纹大径（d）亦称外螺纹顶径；内螺纹大径（D）亦称内螺纹底径。

外螺纹小径（d_1）亦称外螺纹底径；内螺纹大径（D_1）亦称内螺纹顶径。

② 螺距（P） 螺距指相邻两牙在中径线上对应两点间的轴向距离。

③ 头数（n） 头数是一个零件的螺旋线数目。

④ 导程（S） 导程是在同一条螺旋线上相邻两牙在中径线上对应两点间的轴向距离。单头螺纹的导程就等于螺距，多头螺纹的导程 $S=nP$。

(3) 螺纹的加工尺寸计算

a. 根据经验，如果使用机夹式可转位外螺纹数控车刀，加工螺纹部分的工件外圆轮廓应车削到公称直径，受挤压影响，外圆柱直径 $d_{圆}=d-0.1P$。

b. 螺纹底径 $d_{底}$＝公称直径$-2\times0.6495P$。

(4) 内螺纹数控编程加工中的计算

a. 切削加工塑性金属材料的内螺纹时，螺纹底孔直径推荐公式为 $D_{底}=D-P$。

b. 切削加工脆性金属材料（如铸铁、青铜）等内螺纹时，螺纹孔径推荐公式为 $D_{底}=D-1.1P$。

2.6.2 数控车削普通三角形外螺纹的变量参数设计

加工如图 2-20 所示的普通三角形螺纹，该螺纹的螺距 $P=1.5$mm，头

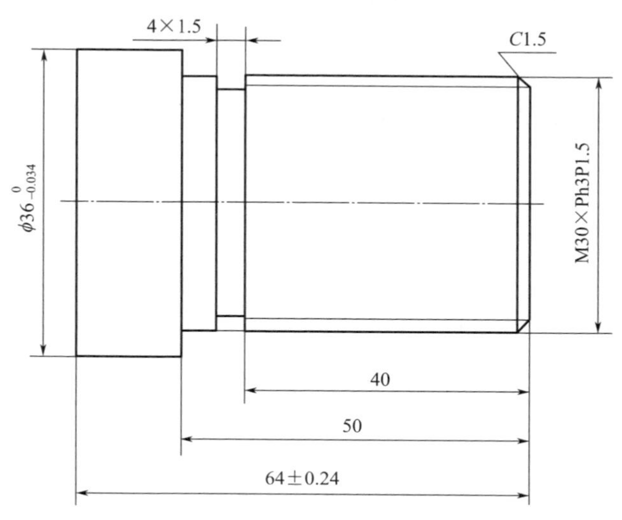

图 2-20 普通三角形螺纹零件图

数 $n=2$。其变量参数设计如表 2-9 所示。其变量设计为 #1 用于存储普通三角形螺纹公称直径值；#2 用于存储普通三角形螺纹底径值；#3 用于存储普通三角形螺纹长度值。

表 2-9 普通三角形外螺纹变量参数设计

#1	普通三角形螺纹公称直径值
#2	普通三角形螺纹底径值
#3	普通三角形螺纹长度值

2.6.3 数控车削普通三角形外螺纹的流程图

加工如图 2-20 所示的普通三角形外螺纹的流程图设计思路：首先定位到第一条螺纹加工的起点，加工螺纹，然后 #1 变量减去 0.3mm，判断是否大于 #2，如果大于 #2，那么继续执行循环体，否则，退出第一条螺纹加工循环。其次，重新定位到第二条螺纹加工的循环起点，重复第一条螺纹加工的循环体，直到不满足条件，退出循环。流程图如图 2-21 所示。

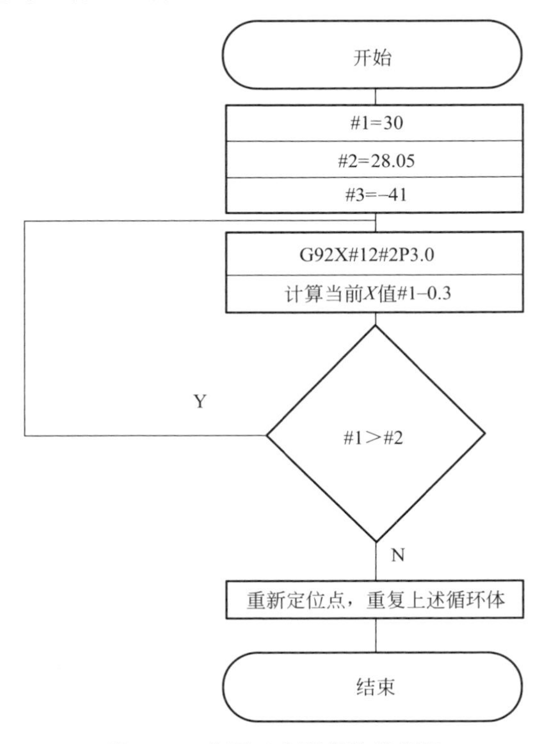

图 2-21 普通三角形螺纹流程图

2.6.4 数控车削普通三角形外螺纹的宏程序

加工如图 2-20 所示的普通三角形螺纹，FANUC 0i 系统数控程序如下：

```
O0264;(车双头螺纹的宏程序)
N10  G54G00X60Z60;
N20  T0101;
N30  M03S600;
…            (省略车光轴的程序)
N100  ＃1＝30.0;(螺纹公称直径赋值)
N110  ＃2＝28.05;(螺纹底径赋值)
N120  ＃3＝－42.0;(螺纹有效长度赋值,延长 2mm)
N130  G00X32.0Z2.0;(至第一条螺纹起刀点)
N140  G92 x[＃1] Z[＃2] F3.0;(螺纹车削)
N150  ＃1＝＃1－0.3;(螺纹深度步距＃1 每次递减 0.3mm)
N160  IF [＃1GE ＃2]GOTO140;(GOTO 循环)
N170  ＃1＝30.0;(螺纹公称直径赋值)
N180  ＃2＝28.05;(螺纹底径赋值)
N190  ＃3＝－42.0;(螺纹有效长度赋值,延长 2mm)
N200  G00 X32.0Z3.5;(至第二条螺纹起刀点)
N210  G92 X[＃1] Z[＃2] F3.0;(螺纹车削)
N220  ＃1＝＃1－0.3;(螺纹深度步距＃1 每次递减 0.3mm)
N230  IF[＃1GE＃2] GOTO210;(GOTO 循环)
N240  G00X60.0;(X 方向退刀)
N250  Z60.0;(Z 方向退刀)
N260  M05;(主轴停止)
N270  M30; (程序结束)
%
```

2.7 数控车削普通三角形内螺纹宏程序编程的基本原理

2.7.1 数控车削普通三角形内螺纹的基本计算

加工如图 2-22 所示的普通三角形内螺纹零件，普通三角形内螺纹数控编程加工中的计算：

① 切削加工塑性金属材料的内螺纹时，螺纹底孔直径推荐公式为$D_{底}=D-P$。

② 切削加工脆性金属材料（如铸铁、青铜）等内螺纹时，螺纹孔径推荐公式为 $D_{底}=D-1.1P$。

本零件材料按 45 钢进行加工，螺纹底孔直径为 32mm。

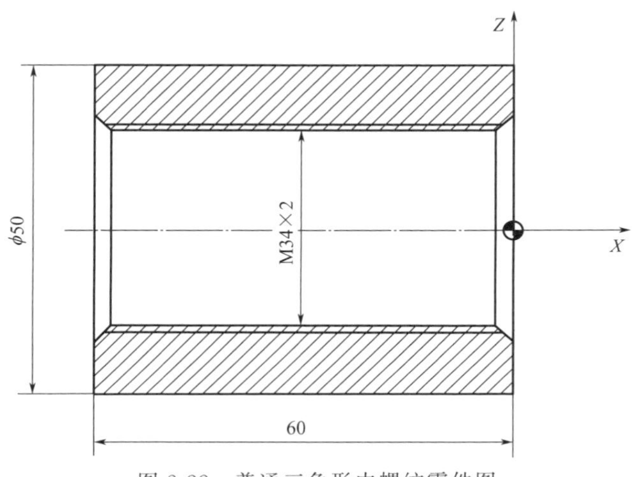

图 2-22　普通三角形内螺纹零件图

2.7.2　数控车削普通三角形内螺纹的变量参数设计

加工如图 2-22 所示的普通三角形内螺纹，该螺纹的螺距 $P=2$mm，头数 $n=1$。其变量参数设计如表 2-10 所示。其变量设计为＃1 用于存储普通三角形内螺纹小径值；＃2 用于存储普通三角形螺纹大径值；＃3 用于存储普通三角形螺纹循环增量。

表 2-10　普通三角形内螺纹变量参数设计

＃1	普通三角形螺纹小径值
＃2	普通三角形螺纹大径值
＃3	普通三角形螺纹加工循环增量

2.7.3　数控车削普通三角形内螺纹的流程图

加工如图 2-22 所示的普通三角形内螺纹的流程图设计思路：首先定位

到普通三角形内螺纹加工的起点，加工螺纹，然后＃1 变量增加 0.2mm，判断是否大于＃2，如果大于＃2，那么继续执行循环体，否则，退出内螺纹加工循环。流程图如图 2-23 所示。

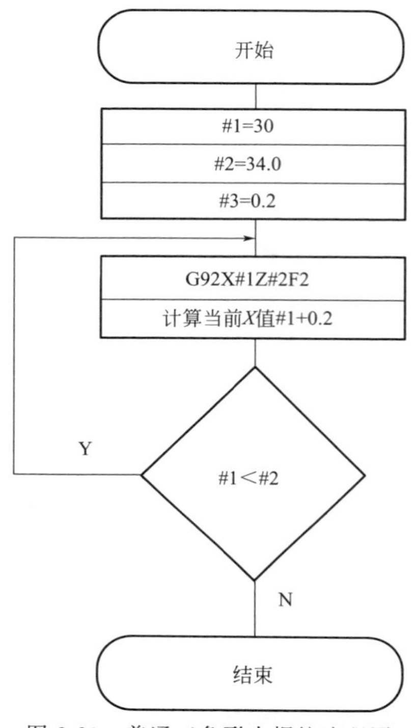

图 2-23　普通三角形内螺纹流程图

2.7.4　数控车削普通三角形内螺纹的宏程序

加工如图 2-22 所示的普通三角形内螺纹，FANUC 0i 系统数控程序如下：

```
O0265;(数控车削内螺纹的宏程序)
N10  G54G00X60Z60;
N20  T0404;
N30  M03S600;
…            (省略车光轴的程序)
N100  ＃1＝30.0;(内螺纹小径赋值)
N110  ＃2＝34.0;(内螺纹大径赋值)
N120  ＃3＝0.2;(内螺纹切深变量)
```

```
N130  G00X29.0Z2.0;(至第一条螺纹起刀点)
N140  G92 X[#1] Z-61.5 F2.0;(螺纹车削)
N150  #1=#1+0.2;(螺纹深度步距#1每次增加0.2mm)
N160  IF [#1LT #2]GOTO140;(GOTO循环)
N240  G00 X29.0;(X方向退刀)
N250  Z60.0;(Z方向退刀)
N260  M05;(主轴停止)
N270  M30;(程序结束)
%
```

2.8 数控车削梯形螺纹宏程序编程的基本原理

2.8.1 数控车削梯形螺纹的基本公式

加工梯形外螺纹如图2-24所示，梯形外螺纹分为米制和寸制两种。中国常用牙型角为30°的梯形外螺纹。在加工梯形螺纹前，要正确认识梯形螺纹的各部分名称、代号和计算公式，如表2-11所示。梯形螺纹常用高速钢材料与涂层硬质合金材料的刀具进行加工，梯形螺纹车刀刃口应该平直，无裂纹，两侧切削刃应对称，刀体不能够歪斜，如果刃磨两刃夹角，应用样板检测合格。梯形螺纹由于自身结构原因，切削加工过程中的背吃刀量较大，切深大，导致切削阻抗力较大，所以加工中每层的切削用量应该严格控制，并尽量减少装刀长度，连续浇注冷却液。

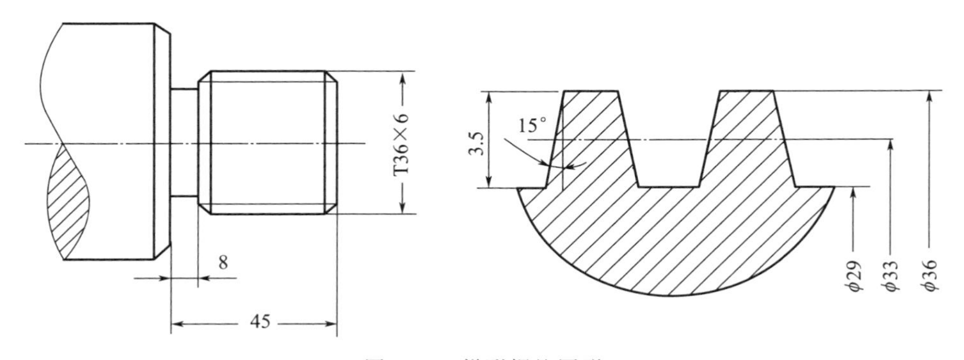

图2-24 梯形螺纹图形

表 2-11　梯形螺纹名称、代号及计算公式

名称		代号	计算公式			
牙型角		α	$\alpha=30°$			
螺距		P	由螺纹标准确定			
牙顶间隙		a_c	P/mm	1.5～5	6～12	14～44
			a_c/mm	0.25	0.5	1
外螺纹	大径	d	公称直径			
	中径	d_2	$d_2=d-0.5P$			
	小径	d_3	$d_3=d-2h_3$			
	牙高	h_3	$h_3=0.5P+a_c$			
内螺纹	大径	D_4	$D_4=d+2a_c$			
	中径	D_2	$D_2=d_2$			
	小径	D_1	$D_1=d-P$			
	牙高	H_4	$H_4=h_3$			
牙顶宽		f、f'	$f=f'=0.366P$			
牙槽底宽		W、W'	$W=W'=0.366P-0.536a_c$			

数控车削梯形螺纹一般有如图 2-25 所示的 4 种进刀方法：垂直进刀法（直进法）、向左向右法（左右切削法）、车直槽法和车阶梯槽法。螺距 P 小于 4mm 的梯形螺纹可采用垂直进刀法加工，螺距 P 大于 4mm 的梯形螺纹常采用左右切削法或车直槽法或车阶梯槽法。

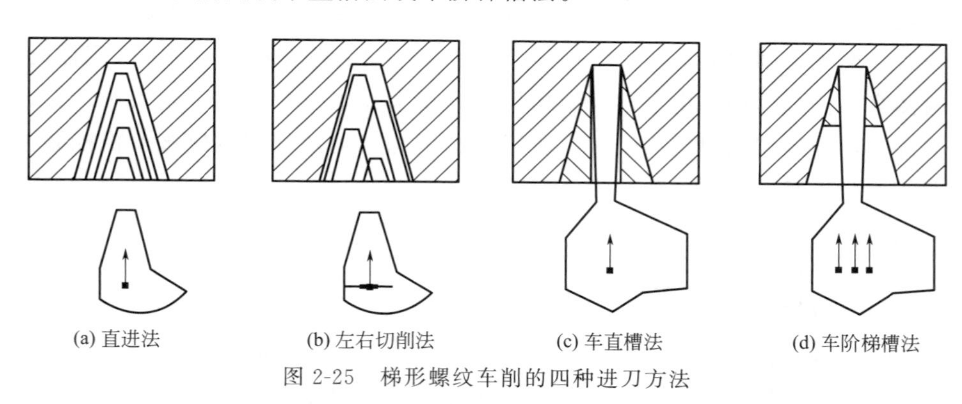

图 2-25　梯形螺纹车削的四种进刀方法

图 2-24 梯形螺纹的螺距为 6mm，为改善切削条件，减轻三个切削刃同时参加切削的状况，使切削时能顺利排屑，选用左右切削法。左右切削法车削梯形螺纹的优点是数控车刀单面切削，减少了切削刃数，尽量减少了扎刀现象。为了保证螺纹加工质量，精车时尽量低速切削，同时连续浇注冷

却液。

梯形螺纹深度较大，需要采用分层分次切削以减小背吃刀量，分层分次车削梯形螺纹本质是将以上四种方法中的垂直进刀法和左右切削法进行综合应用，充分发挥各自的优点。分层分次切削的基本思路是将梯形螺牙槽分为很多层，每层深度由螺牙计算得出，然后根据得到的每层尺寸采用G92或G76指令进行切削完成。由于将牙槽的深度分摊到每层进行切削加工，所以大大降低了切削时的背吃刀量，减少了刀具的磨损，降低了切削热量，能很好地保证加工质量。切削时走刀路线是在切削当前层时先垂直进刀切削，然后向左切削，再向右切削、退刀，进行下一次的切削。走路路线如图2-26所示。该方法的走刀路线及刀具运动轨迹十分简单，编程方便。

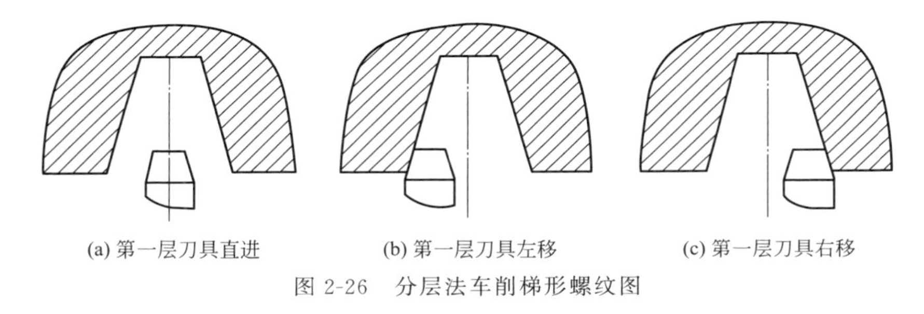
(a) 第一层刀具直进　(b) 第一层刀具左移　(c) 第一层刀具右移

图2-26　分层法车削梯形螺纹图

如图2-27所示，分层分次切削时梯形螺纹车刀向左或向右走刀的距离计算方法为：

① 螺牙槽底宽度与梯形螺纹数控车刀宽度相等时，车刀向左或向右移动的距离为（梯形螺牙槽深－当前层层高）×tan15°。

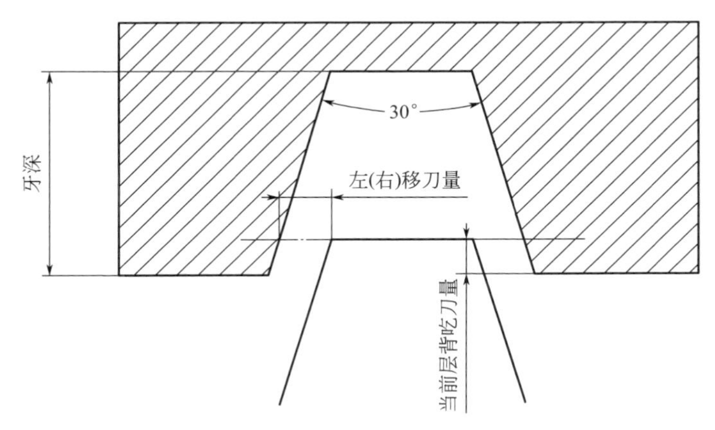

图2-27　分层分次法切削图

② 螺牙槽底宽度小于梯形螺纹数控车刀宽度时，车刀向左或向右移动的距离为(螺牙槽底宽度－车刀头部宽度)/2＋(梯形螺牙槽深－当前层层高)×tan15°。

③ 为了保证正常的切削，刀具不被螺牙槽卡住，梯形螺纹粗、精加工车刀的刀头宽度应该小于螺牙槽底宽度，梯形螺纹车刀的刀尖角稍小于梯形螺纹牙型角。

2.8.2 数控车削梯形螺纹的设计

在选用分层分次切削方法后，就需要合理设计数控车削梯形螺纹的变量。在前述基础上，选用正确的变量，灵活设计循环结构，保证较短的走刀路线。

通过上述分析，梯形螺纹加工设计的自变量有：

＃1＝A 每一刀的进刀深度；

＃2＝B 背吃刀量；

＃3＝C 刀头宽度偏差＝(螺牙槽底宽－刀头宽度)/2；

＃4＝I 螺纹小径；

＃5＝J 螺距；

＃6＝K 螺纹长度；

根据梯形螺纹的基本公式进行宏程序设计，如表 2-12 所示。

表 2-12　梯形螺纹宏程序设计

＃1	每一刀进刀深度 A	＃4	螺纹小径 I
＃2	背吃刀量 B	＃5	螺距 J
＃3	刀头宽度差 C	＃6	螺纹长度 K

2.8.3 数控车削梯形螺纹的流程图

梯形螺纹编程时的走刀加工需要让刀具向左向右移动切削，切削完成后进行下一层的切削，依次循环进行。分层切削量由每次的切削深度＃1 减去背吃刀量＃2 来控制；另外，刀具向右走刀的距离为 0.268X [＃1－＃2]，再加上刀头宽度＃3。循环执行的条件是梯形螺纹的大径＃7 大于梯形螺纹的小径，循环过程中，首先计算当前的进刀量，然后计算螺纹的终点坐标值，刀具就开始快速定位至直进起点，直进切螺纹，右移切螺纹，定位左移起点，左移车螺纹。否则加工循环条件结束，退出梯形的加工。详细的加工流程图如图 2-28 所示。

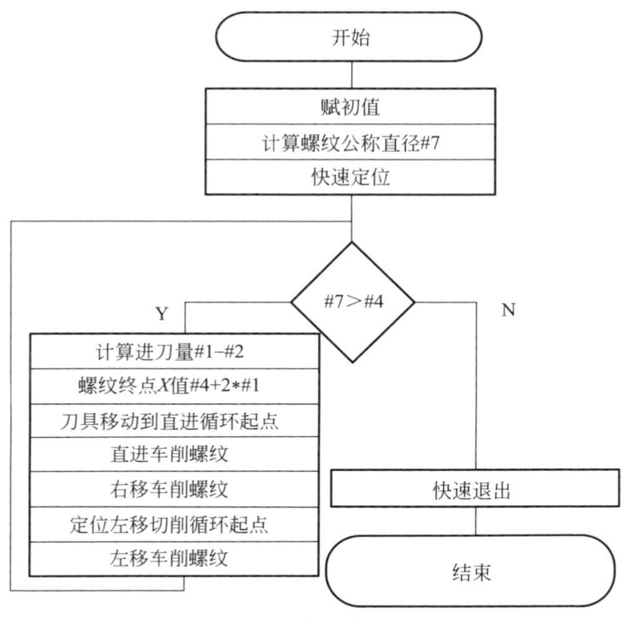

图 2-28　梯形螺纹加工流程图

2.8.4　数控车削梯形螺纹的宏程序

应用宏指令编写加工程序后，如果梯形螺纹尺寸或螺距发生变化，只需要修改程序中的 A、B、C、I、J、K 变量值，就能完成不同梯形螺纹的加工。梯形螺纹加工的宏程序如下。

```
O0306;(梯形螺纹主程序)
N01  G54G40G90G98G00X150.0Z150.0;
N10  T0303;                          (选择 T03 刀具)
N20  M08;                            (开切削液)
N30  M03 S500;                       (主轴正转,转速为 500r/min)
N40  G65 P0316 A_ B_ C_ I_ J_ K_;    (宏指令调用程序 O0316,并给变量赋值)
N50  G0 Z150.0;                      (刀具 Z 轴退刀至 150)
N60  G00 X150.0;                     (刀具快速定位至 X150)
N70  M09;                            (关闭切削液)
N80  M30;                            (程序结束)
```

```
O0316;                                    (梯形螺纹宏程序)
N100   #7=#4+2*[#1];                      (计算梯形螺纹直径)
N200   G0 X[#7+5.0] Z15.0;                (刀具快速移动到工件外，准备加工梯形螺纹)
N300   WHILE [#7 GT #4] DO1;              (当#7>#4时，执行循环体DO1到END1)
N350   #1=#1-#2;                          (计算每次进刀量)
N550   #7=#4+2*[#1];                      (梯形螺纹X方向坐标计算，直径值编程)
N650   G00 Z15.0;                         (定位到垂直进刀的切削循环起点)
N700   G92 X#7 Z-[#6+2.0] F#5;            (车削螺纹，垂直进刀)
N800   G0 Z[10.0+0.268*[#1]+#3];          (向右移刀，定位至右移的循环起点)
N900   G92 X#7 Z-[#6+2.0] F#5;            (向右移刀开始车削螺纹)
N1000  G0 Z[10.0-0.268*[#1]-#3];          (刀具向左移动，定位至左移循环起点)
N1050  G92 X#7 Z-[#6+2] F#5;              (G92向左车削梯形螺纹)
N1150  END1;                              (结束DO和END之间的循环)
N1250  M99;                               (调用子程序结束，返回主程序)
```

2.9 数控车削蜗杆宏程序编程的基本原理

2.9.1 数控车削蜗杆的基本公式

蜗杆在机械工业中得到了非常广泛的应用，蜗杆零件根据自身的结构特点，特别适用于重载的传动中。蜗杆传动非常平稳，传动效率高。但是，蜗杆需要与蜗轮配合使用，制造成本高。蜗杆的螺牙槽较深，螺旋角较大，导致加工困难，蜗杆是回转形零件，一般使用数控车削方法进行加工。

蜗杆零件图如2-29所示。蜗杆公式如表2-13所示。

表 2-13　蜗杆各部分名称、代号及计算公式

名称	计算公式	计算值/mm
蜗杆导程 P	$P=\pi m_x z_1$	31.4
全齿高 h	$h=2.2m_x$	5.5
齿根高 h_f	$h_f=1.2m_x$	3

续表

名称	计算公式	计算值/mm
齿顶高 h_a	$h_a = m_x$	2.5
分度圆直径 d_1	$d_1 = d_a - 2m_x$	31
齿根圆直径 d_f	$d_f = d_1 - 2.4m_x$	25
齿顶宽 S_a	$S_a = 0.843m_x$	2.1075
齿根槽宽 e_f	$e_f = 0.697m_x$	1.7425
轴向齿宽 S_x	$S_x = P/2$	3.9250
刀具宽度 B	$B = P/2 - 2h_f\tan 20°$	1.74

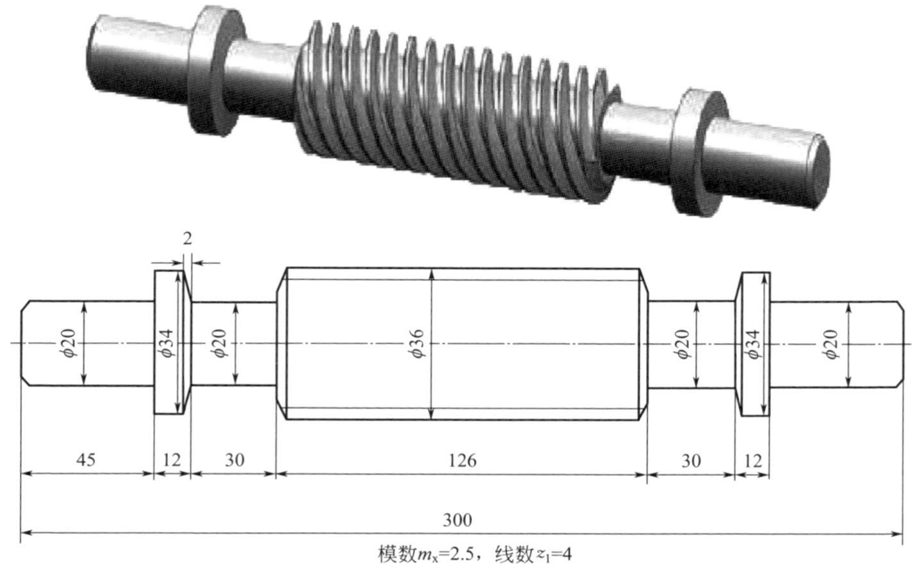

图 2-29　蜗杆零件图

2.9.2　数控车削蜗杆的设计

数控车削蜗杆的宏程序变量及含义，见表 2-14。

表 2-14　蜗杆宏程序设计

#1	蜗杆的公称直径	#5	分层切削深度
#2	蜗杆轴向走刀量($S_a/2$)	#6	刀头宽度
#3	蜗杆加工总长度	#7	蜗杆 Z 向起始坐标值
#4	蜗杆导程	#10	轴向走刀量

2.9.3 数控车削蜗杆的流程图

蜗杆数控车削加工与梯形螺纹加工类似，也可以分层分次切削加工。将蜗杆线看作是螺纹线，使用 G92 或 G76 螺纹指令加工。首先对蜗杆的头数进行判断，在满足相应条件下，用 G00 指令快速定位至蜗杆左边，进行蜗杆线的切削加工；然后定位至蜗杆右边，进行蜗杆线右边的切削加工。改变轴向走刀宽度后，重新计算加工的直径，计算轴向最大走刀量，加工下一条蜗杆线，直至加工结束。加工流程图如图 2-30 所示。

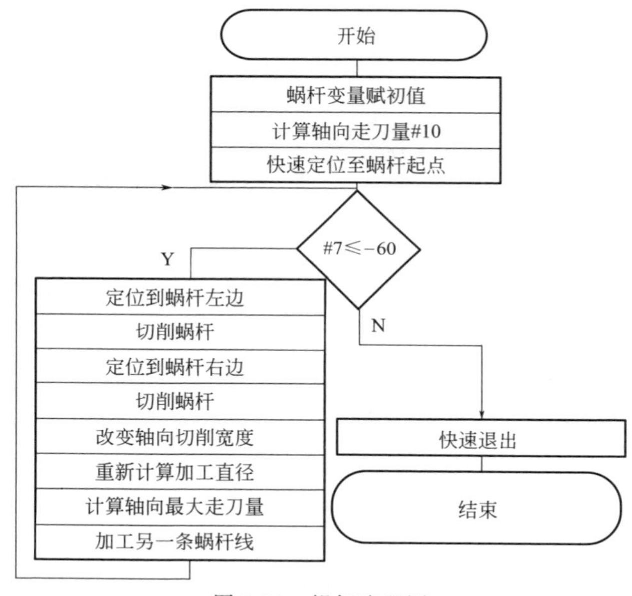

图 2-30 蜗杆流程图

2.9.4 数控车削蜗杆的宏程序

蜗杆加工的宏程序如下：

```
O0307;(蜗杆程序)
N100  G54G0G98X150Z150G40;(选择 G54 坐标系)
N200  T0101; ( 换 1 号刀具,1 号刀具为 35°硬质合金车刀)
N300  M03 S600;(主轴正转,转速 600r/min)
N400  M08; (打开冷却液系统)
```

```
N550   G00 X40.0 Z－85.0;(G00快速定位到加工起点位置)
N600   ＃1＝36;(公称直径)
N700   ＃2＝2;(轴向走刀量赋值)
N800   ＃3＝－215;(加工蜗杆总长度)
N900   ＃4＝31.4;(蜗杆的导程)
N1000  ＃5＝0.5;(加工蜗杆每层加工深度)
N1100  ＃6＝1.6;(刀头宽度)
N1200  ＃7＝－85;( Z方向定位坐标)
N1250  WHILE [ ＃7 LE－60] DO 1;(蜗杆头数判断)
N1350  WHILE [ ＃1 GE 25] DO 2;(单头蜗杆,是否执行循环体判断)
N1550  ＃10＝＃2;( 赋值)
N1650  G0 Z[ ＃7－＃10];(定位到蜗杆左边)
N1700  G92 X＃1 Z＃3 F ＃4;(G92蜗杆切削加工)
N1800  G0 Z[ ＃7＋ ＃10];(定位到蜗杆右边)
N1900  G92 X＃1 Z＃3 F＃4;(切削蜗杆)
N2000  ＃10＝＃10－＃6;(改变走刀宽度)
N2100  IF [ ＃10 GE 0] GOTO 160;(切除蜗杆每一层的余量)
N2200  ＃1＝＃1－＃5;(重新计算蜗杆加工直径)
N2350  ＃2＝＃2－0.5 * 0.364 * ＃5;(重新计算走刀量,赋值给＃2)
N2400  IF [ ＃1 LT 27] THEN ＃6＝0.5;(加工中可调整)
N2500  END 2;( 循环2结束)
N2600  ＃7＝＃7＋ 7.85;(改变Z方向坐标,加工下一条螺纹线)
N2700  END 1;( 循环1结束)
N2800  G00 X150;
N2801  Z150;( 快速退刀)
N2900  M09;(关闭冷却液)
N3000  T0202;(换2号精车刀具,35°硬质合金车刀)
N3100  M03 S600;(主轴正转,蜗杆精加工)
N3200  M08;(开2号冷却液)
N3300  G00 X40 Z－85;
N3301  ＃1＝36;( 重新给宏变量赋值)
N3400  ＃2＝2.2;
N3500  ＃3＝－215;
N3600  ＃4＝31.4;
N3700  ＃5＝0.2;
N3800  ＃6＝1.6
N3900  ＃7＝－85;
```

```
N4000  WHILE [ #7 LE－60] DO 1;
N4100  WHILE [ #1 GE 25] DO 2;
N4200  G92 X#1 Z#3 F#4;
N4300  G00 Z[ #7+ #2];
N4400  G92 X#1 Z#3 F#4;
N4500  #1=#1-#5;
N4600  #2=#2-0.5* 0.364* #5;
N4700  END 2;
N4800  #7=#7+7.85;
N4900  END 1;
N5000  G00 X100;Z50;
N5200  M30;
```

第3章

数控铣削宏程序编程

3.1 数控铣削平面宏程序编程的基本原理

3.1.1 数控铣削平面的基本方法

数控铣削加工中，铣削平面方法常用的有行切法和环切法两种，行切法又分为单向行切法和往复行切法，分别如图 3-1、图 3-2 所示。手工编写程序铣削平面，多采用行切法。平面行切常用于矩形型腔零件、矩形平面零件等。环切法如图 3-3 所示，主要用于有倒角的矩形型腔零件或有倒角的平面轮廓零件，环形切削可以采用刀具半径偏置补偿进行切削加工。

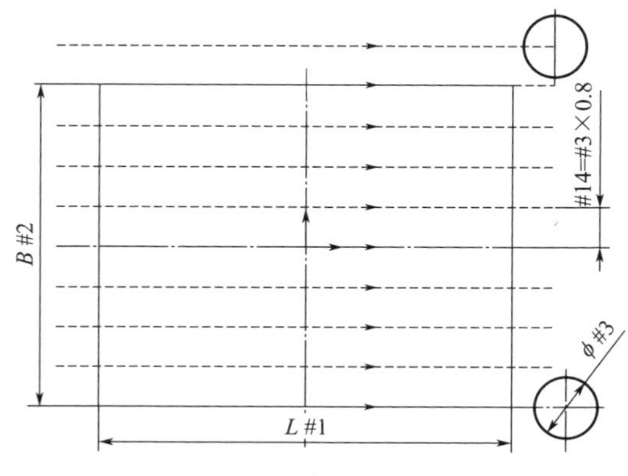

图 3-1　单向行切法

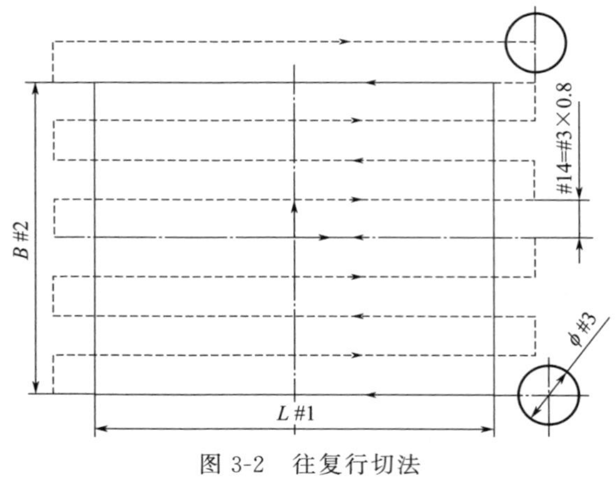

图 3-2 往复行切法

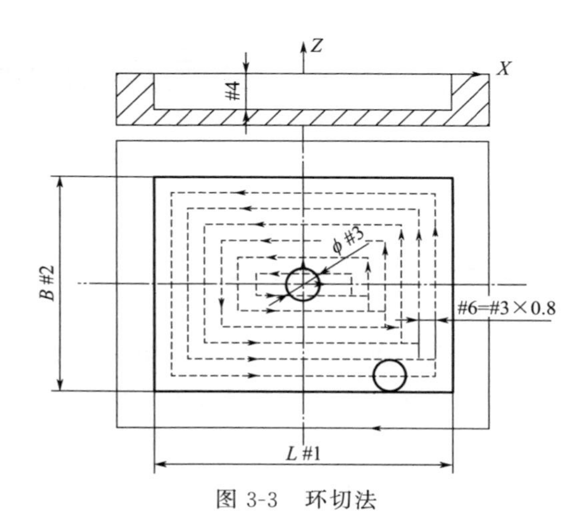

图 3-3 环切法

3.1.2 数控铣削平面往复行切法的参数设计

数控铣削平面的宏程序参数变量及含义见表 3-1。

表 3-1 数控铣削平面宏程序参数设计

＃1	平面的长度	＃6	Z 起始值
＃2	平面的宽度	＃7	Z 方向加工深度
＃3	立铣刀的直径	＃14	步距值，取刀具直径 0.8 倍
＃4	Y 坐标中心，取－＃2/2	＃16	Z 分层切削值
＃5	起始点的坐标值(＃1＋＃3)/2＋2	＃17	中间变量

3.1.3 数控铣削平面往复行切法的流程图

平面往复行切加工首先进行当前层 Z 方向的切削深度判断，当没有达到 Z 向加工的深度值时，刀具会定位到当前的加工深度，进行循环切削后，并继续增加 Z 向值，进行下一个切削循环，直到切削加工结束。平面往复行切加工流程图，如图 3-4 所示。

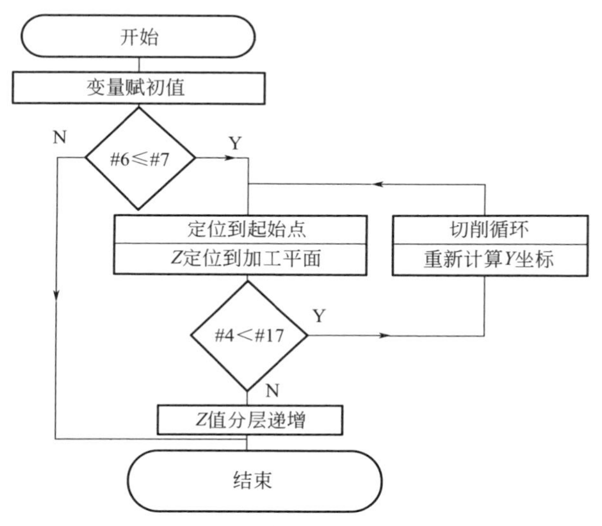

图 3-4　平面往复行切加工流程图

3.1.4 数控铣削平面往复行切法的宏程序

平面往复行切法加工的宏程序如下。

```
O0401;(平面往复行切加工程序)
N110  G54G90G00X0Y0Z40G40G49;
N115  M03S1100;
N120  M06T01;
N125  M08;
N130  ＃1＝60.0;
N135  ＃2＝40.0;
N140  ＃3＝16.0;
N145  ＃4＝－＃2/2;
```

```
N150  #14=0.80*#3;
N155  #5=[#1+#3]/2+2.0;
N157  #17=#2/2+0.3*#3;
N159  #6=0.0;
N160  #16=0.5;
N165  #7=10.0;
N170  G00X#5Y#4;
N170  G01Z0F80;
N175  WHILE[#6LT#7]DO1;
N180  #4=-#2/2;
N185  G00X#5Y#4;
N190  Z[-#6+0.5];
N195  G01Z-#6F100;
N200  WHILE[#4LT#17]DO2;
N205  G01X-#5F300;
N210  #4=#4+#14;
N215  Y#4;
N220  X#5;
N225  #4=#4+#14;
N230  Y#4;
N235  END2;
N240  G0Z150;
N245  #6=#6+#16;
N250  END1;
N251  M09;
N260  M30;
%
```

3.2 数控铣削矩形外轮廓宏程序编程的基本原理

3.2.1 数控铣削矩形外轮廓的基本方法

数控铣削矩形外轮廓加工方法为环切法，零件图如图 3-5 所示。主要设计其切入切出半径及相关参数。

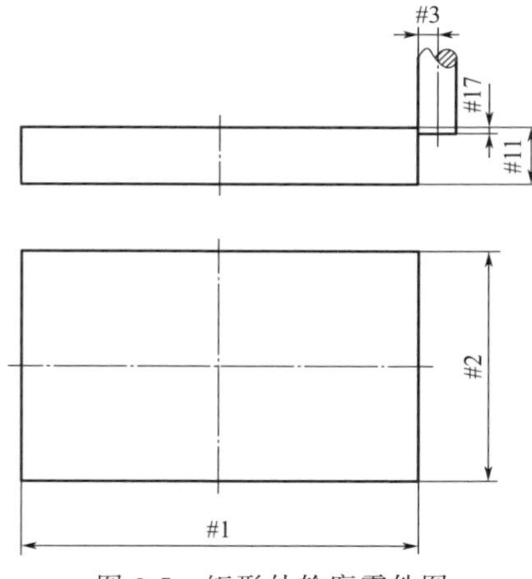

图 3-5 矩形外轮廓零件图

3.2.2 数控铣削矩形外轮廓的参数设计

数控铣削矩形外轮廓的宏程序参数变量及含义，见表 3-2。

表 3-2 矩形外轮廓宏程序参数设计

＃1＝A	矩形 X 向边长
＃2＝B	矩形 Y 向边长
＃3＝C	立刀具半径
＃4＝D	Z 坐标绝对值设为自变量，并赋初始值为 0
＃9＝F	进给速度
＃11＝H	需加工高度
＃17＝Q	层间距
＃18＝R	1/4 圆弧切入、切出半径

3.2.3 数控铣削矩形外轮廓的流程图

矩形外轮廓加工首先进行当前层 Z 方向的切削深度判断，当没有达到 Z 向加工的深度值时，刀具会定位到当前的加工深度，进行循环切削后，并继续增加 Z 向值，进行下一个切削循环，直到切削加工结束。矩形外轮廓加工流程图，如图 3-6 所示。

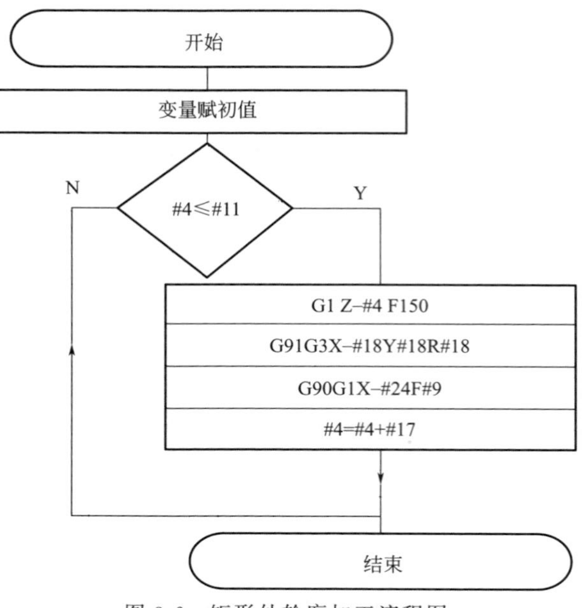

图 3-6 矩形外轮廓加工流程图

3.2.4 数控铣削矩形外轮廓的宏程序

矩形外轮廓铣削加工的宏程序如下：

```
O0302;(矩形外轮廓铣削主程序)
N10  G54G90G00X0.0Y0.0Z50.0;(调用 G54 坐标系,定位到 0,0,50)
N20  M06T01;(换 T01 刀具)
N30  M3S2000;(主轴正转,2000r/min)
N40  G65P3012A_B_C_D_F_H_Q_R_;(调用子程序参数)
N50  G00Z50.0;(退刀至 50)
N60  G00X0.0Y0.0;(退刀至 X0.0,Y0.0)
N70  M30;(程序结束)
```

变量赋值说明：

＃1＝A；矩形 X 向边长

＃2＝B；矩形 Y 向边长

＃3＝C；刀具半径

＃4＝D；Z 坐标绝对值设为自变量，并赋初始值为 0

＃9＝F；进给速度

＃11＝H；需加工高度

＃17＝Q；层间距

＃18＝R；1/4 圆弧切入、切出半径

矩形外轮廓宏程序模块：

```
O3012;(矩形外轮廓铣削子程序)
N10  ＃24＝＃1/2＋＃3;(X 向刀位点到原点距离)
N20  ＃25＝＃2/2＋＃3;(Y 向刀位点到原点距离)
N30  G0X[＃18＋3]Y[－＃25－＃18];(快速移动至开始点)
Z1;(快速下降至 Z1 平面)
WHILE[＃4LE＃11]DO1;(如果加工高度＃4≤＃11,循环 1 继续)
G1Z－＃4F150;(G1 下降至当前加工深度)
G91G3X－＃18Y＃18R＃18;(1/4 圆弧切入进刀)
G90G1X－＃24F＃9;(开始走轮廓)
Y＃25;
X＃24;
Y－＃25;
X－3;
G91G3X－＃18Y－＃18R＃18;(1/4 圆弧切出退刀)
＃4＝＃4＋＃17;(Z 坐标递增层间距)
END1;(循环 1 结束)
G90G0Z50;(快速移至安全高度)
M99;(宏程序结束)
%
```

3.3 数控铣削圆弧过渡矩形外轮廓宏程序编程的基本原理

3.3.1 数控铣削圆弧过渡矩形外轮廓的基本方法

数控铣削圆弧过渡矩形外轮廓的加工方法为环切法，如图 3-7 所示。主要设计其切入切出半径及圆弧过渡相关参数。

3.3.2 数控铣削圆弧过渡矩形外轮廓的参数设计

数控铣削圆弧过渡矩形外轮廓的宏程序参数变量及含义，见表 3-3。

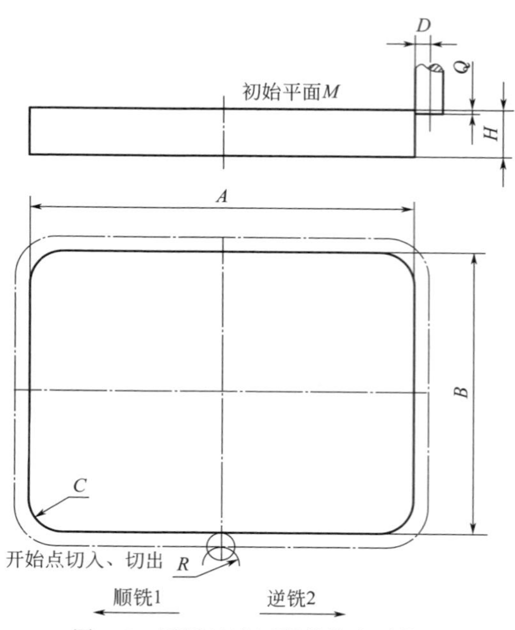

图 3-7 圆弧过渡矩形外轮廓零件图

表 3-3 圆弧过渡矩形外轮廓宏程序参数设计

#1=A	矩形 X 向边长
#2=B	矩形 Y 向边长
#3=C	立刀具半径
#4=D	Z 坐标绝对值设为自变量,并赋初始值为 0
#9=F	进给速度
#11=H	需加工高度
#17=Q	层间距
#18=R	1/4 圆弧切入、切出半径
#19=S	拐角圆弧半径
#20=T	铣方式定义,顺铣为 1,逆铣为 2

3.3.3 数控铣削圆弧过渡矩形外轮廓的流程图

圆弧过渡矩形外轮廓加工首先进行当前层的 Z 方向切削深度判断，当没有达到 Z 向加工的深度值时，刀具会定位到当前的加工深度，进行循环切削后，并继续增加 Z 向值，进行下一个切削循环，直到切削加工结束。矩形外轮廓加工流程，如图 3-8 所示。

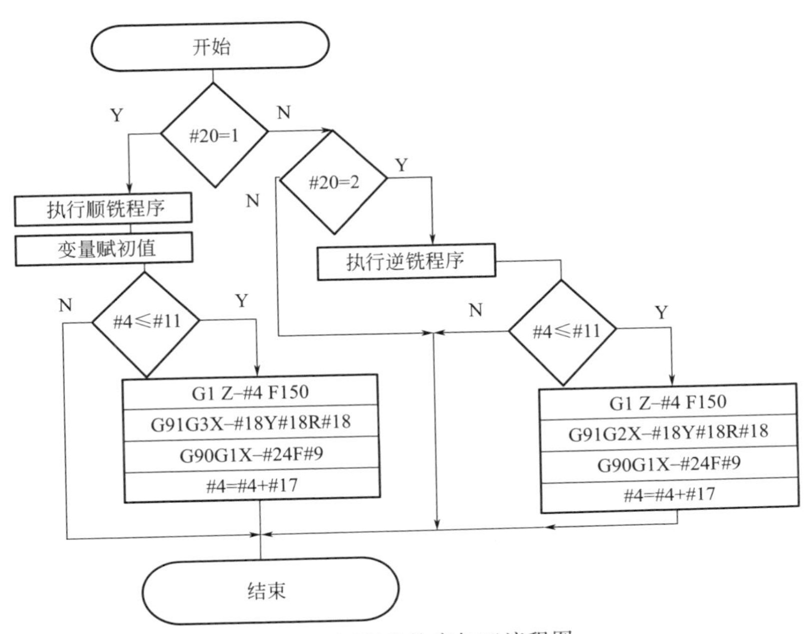

图 3-8 矩形外轮廓加工流程图

3.3.4 数控铣削圆弧过渡矩形外轮廓的宏程序

矩形外轮廓铣削加工的宏程序如下：

```
O0303;(圆弧过渡矩形外轮廓铣削主程序)
N10  G54G90G00X0.0Y0.0Z50.0;(调用 G54 坐标系,定位到 0,0,50)
N20  M06T01;(换 T01 刀具)
N30  M3S2000;(主轴正转,2000r/min)
N40  G65P3013A_B_C_D_F_H_Q_R_S_T_;(调用子程序参数)
N50  G00Z50.0;(退刀至 50)
N60  G00X0.0Y0.0;(退刀至 X0.0,Y0.0)
N70  M30;(程序结束)
```

变量赋值说明：

＃1＝A；矩形 X 向边长

＃2＝B；矩形 Y 向边长

＃3＝C；刀具半径

＃4＝D；Z 坐标绝对值设为自变量，并赋初始值为 0

＃9＝F；进给速度

＃11＝H；需加工高度

＃17＝Q；层间距

＃18＝R；1/4 圆弧切入、切出半径

＃19＝S；拐角圆弧半径

＃20＝T；顺铣和逆铣方式定义，顺铣为 1，逆铣为 2

矩形外轮廓宏程序模块：

```
O3013;(圆弧过渡矩形外轮廓铣削子程序)
N10  ＃24＝＃1/2＋＃3;(X 向刀位点到原点距离)
N20  ＃25＝＃2/2＋＃3;(Y 向刀位点到原点距离)
IF[＃20EQ1]GOTO1;(如果＃20＝1,程序跳转至 N100 行加工)
  IF[＃20EQ2]GOTO2;(如果＃20＝2,程序跳转至 N200 行加工)
  N100 WHILE[＃4LE＃11]DO1;(如果加工高度＃4≤＃11,循环 1 继续)
    G0X[＃18＋3]Y[－＃25－＃18];(快速移动至开始点)
    Z1;(快速下降至 Z1 平面)
    G1Z－＃4F150;(G1 下降至当前加工深度)
    G91G3X－＃18Y＃18R＃18;(1/4 圆弧切入进刀)
    G90G1X－＃24,R＃19F＃9;(开始走轮廓)
    Y＃25,R＃19;
    X＃24,R＃19;
    Y－＃25,R＃19;
    X－3;
    G91G3X－＃18Y－＃18R＃18;(1/4 圆弧切出退刀)
    ＃4＝＃4＋＃17;(Z 坐标递增层间距)
    END1;(循环 1 结束)
    N200 WHILE[＃4LE＃11]DO2;(如果加工高度＃4≤＃11,循环 2 继续)
    G0X－[＃18＋3]Y[－＃25－＃18];(快速移动至开始点)
    Z1;(快速下降至 Z1 平面)
    G1Z－＃4F150;(G1 下降至当前加工深度)
    G91G2X＃18Y＃18R＃18;(1/4 圆弧切入进刀)
    G90G1X＃24,R＃19F＃9;(开始走轮廓)
    Y＃25,R＃19;
    X－＃24,R＃19;
    Y－＃25,R＃19;
    X3;
    G91G2X＃18Y－＃18R＃18;(1/4 圆弧切出退刀)
```

```
  ＃4＝＃4＋＃17;(Z 坐标递增层间距)
  END2;(循环 2 结束)
  G90G0Z30;(快速移至安全高度)
  M99;(宏程序结束)
%
```

3.4 数控铣削圆弧过渡矩形内型腔宏程序编程的基本原理

3.4.1 数控铣削圆弧过渡矩形内型腔的基本方法

数控铣削圆弧过渡矩形内型腔的加工方法为环切法，主要设计其切入切出半径及圆弧过渡相关参数。如图 3-9 所示，长方向的变量为＃1，宽方向的变量为＃2，深方向的变量为＃3，以内型腔加工零件顶面中心为编程坐标系原点 G54，加工方式顺铣为 1，逆铣为 2，每次从工件的中心下刀，以环字形走刀，先 Y 方向后 X 方向，走完最外一圈提刀返回中心，下一层继续，直至达到加工深度，程序结束。

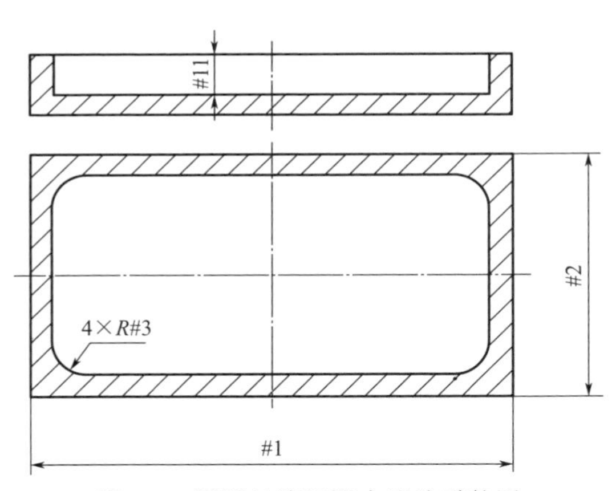

图 3-9　圆弧过渡矩形内型腔零件图

3.4.2 数控铣削圆弧过渡矩形内型腔的参数设计

数控铣削圆弧过渡矩形内型腔的宏程序的参数变量及含义，见表 3-4。

表 3-4 圆弧过渡矩形内型腔宏程序参数设计

#1=A	矩形 X 向边长
#2=B	矩形 Y 向边长
#3=C	四周圆角半径 R
#4=D	刀具直径
#5=E	Z 坐标绝对值设为自变量,并赋初始值为 0
#9=F	进给速度
#11=H	内腔深度
#17=Q	层间距
#18=R	1/4 圆弧切入、切出半径
#20=T	铣方式定义,顺铣为 1,逆铣为 2

3.4.3 数控铣削圆弧过渡矩形内型腔的流程图

圆弧过渡矩形内型腔加工首先进行当前层 Z 方向的切削深度判断，当没有达到 Z 向加工的深度值时，刀具会定位到当前的加工深度，进行循环切削后，并继续增加 Z 向值，进行下一个切削循环，直到切削加工结束。矩形内型腔加工流程图如图 3-10 所示。

3.4.4 数控铣削圆弧过渡矩形内型腔的宏程序

矩形内型腔铣削加工的宏程序如下：

```
O0304;(圆弧过渡矩形内型腔铣削主程序)
N10  G54G90G00X0.0Y0.0Z50.0;(调用 G54 坐标系,定位到 0,0,50)
N20  M06T01;(换 T01 刀具)
N30  M3S2000;(主轴正转,2000r/min)
N40  G65P3014A_B_C_D_F_H_Q_R_S_T_;(调用子程序参数)
N50  G00Z50.0;(退刀至 50)
N60  G00X0.0Y0.0;(退刀至 X0.0,Y0.0)
N70  M30;(程序结束)
```

变量赋值说明：

#1=A；矩形 X 向边长

#2=B；矩形 Y 向边长

#3=C；刀具半径

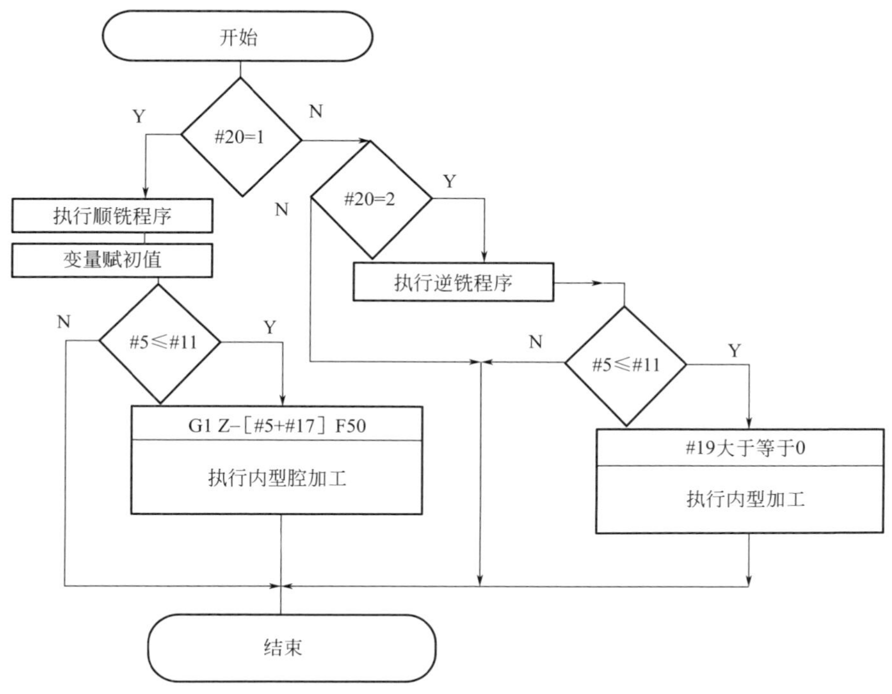

图 3-10　矩形内型腔加工流程图

＃4＝D；Z 坐标绝对值设为自变量，并赋初始值为 0

＃9＝F；进给速度

＃11＝H；需加工高度

＃17＝Q；层间距

＃18＝R；1/4 圆弧切入、切出半径

＃19＝S；拐角圆弧半径

＃20＝T；顺铣和逆铣方式定义，顺铣为 1，逆铣为 2

矩形外轮廓宏程序模块：

```
O3014;(圆弧过渡矩形内型腔铣削子程序)
    ＃6＝0.8*＃4;
    ＃7＝＃1－＃4;(刀具中心在内腔中 X 方向最大移动距离)
    ＃8＝＃2－＃4;(刀具中心在内腔中 Y 方向最大移动距离)
    IF[＃20EQ1]GOTO1;(假如＃20＝1 跳转至 N11 行加工)
    IF[＃20EQ2]GOTO2;(假如＃20＝2 跳转至 N22 行加工)
    WHILE[＃5LE＃11]DO1;(如果加工高度＃5≤＃11,循环 1 继续)
    G0Z[－＃5＋1];(快速移动至加工平面以上 1mm 处)
```

```
G1Z－[＃5＋＃17];(G1 下降至当前加工深度)
IF[＃1GE＃2]GOTO1;(如果＃1≥＃2,跳转至 N1 行)
IF[＃1LT＃2]GOTO2;(如果＃1<＃2,跳转至 N2 行)
N1  ＃18＝FIX[＃8/＃6];(Y 方向最大移动距离除以步距,并上取整)
GOTO3;(跳转至 N3 行)
N2  ＃18＝FIX[＃7/＃6];(X 方向最大移动距离除以步距,并上取整)
N3  ＃19＝FIX[＃18/2];(＃18 是奇数或偶数都上取整,重置＃19 为初始值)
N11  WHILE[＃19GE0]DO2;(如果＃19≥0 还没有走到最外圈,循环 2 继续)
＃21＝＃3－＃4/2－＃19*＃6;(每圈在四角处刀具做圆弧运动的半径)
＃22＝＃7/2－＃19*＃6;(每圈在 X 方向上刀具移动的距离)
＃23＝＃8/2－＃19*＃6;(每圈在 X 方向上刀具移动的距离)
Y＃23;(开始走型腔)
X－＃22,R＃21;
Y－＃23,R＃21;
X＃22,R＃21;
Y＃23,R＃21;
X0;
＃19＝＃19－1;(＃19 依次递减至 0)
END2;(循环 2 结束)
N22 WHILE[＃19GE0]DO2;(如果＃19≥0,还没有走到最外圈,循环 2 继续)
＃21＝＃3－＃4/2－＃19*＃6;(每圈在四角处刀具做圆弧运动的半径)
＃22＝＃7/2－＃19*＃6;(每圈在 X 方向上刀具移动的距离)
＃23＝＃8/2－＃19*＃6;(每圈在 X 方向上刀具移动的距离)
Y＃23;(开始走型腔)
X＃22,R＃21;
Y－＃23,R＃21;
X－＃22,R＃21;
Y＃23,R＃21;
X0;
＃19＝＃19－1;(＃19 依次递减至 0)
END2;(循环 2 结束)
G90G0Z30;(快速提刀至安全高度)
X0Y0;(回到中心)
＃5＝＃5＋＃17;(Z 坐标递增层间距)
END1;(循环 1 结束)
M99;(宏程序结束)
%
```

3.5 数控铣削椭圆外轮廓宏程序编程的基本原理

3.5.1 数控铣削椭圆外轮廓的基本方法

数控铣削加工中，数控系统常常只提供直线和圆弧插补，没有椭圆外轮廓编程，只能依靠参数宏程序进行编程。铣削椭圆外轮廓的参数编程，如图 3-11 所示。椭圆公式主要有两种，一种是椭圆中心与坐标系原点相重合的非圆曲线标准方程 $X^2/a^2+Y^2/b^2=1$，另一种是椭圆非圆曲线参数方程 $X=a\cos t$，$Y=b\sin t$。

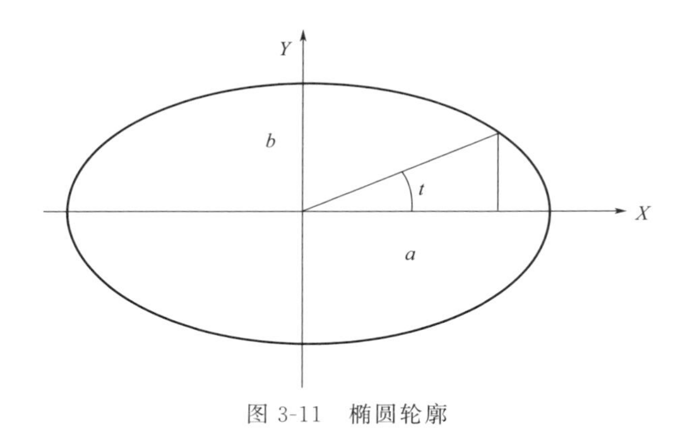

图 3-11 椭圆轮廓

3.5.2 数控铣削椭圆外轮廓的参数设计

数控铣削椭圆外轮廓宏程序的参数变量及含义，见表 3-5。

表 3-5 数控铣削椭圆外轮廓宏程序参数设计

参数内容	参数变量	含义
	#1	椭圆角度值
	#2	椭圆动点在 X 方向的分量值
	#3	椭圆动点在 Y 方向的分量值
F	#4	进给速度

续表

参数内容	参数变量	含义
A	#5	椭圆 X 方向长半轴 a
B	#6	椭圆 Y 方向短半轴 b

3.5.3 数控铣削椭圆外轮廓的流程图

椭圆外轮廓铣削加工首先进行初始参数的设置，刀具进行加工定位，计算当前的加工坐标点，判断是否加工到终点，直至切削加工结束。椭圆加工流程图如图 3-12 所示。

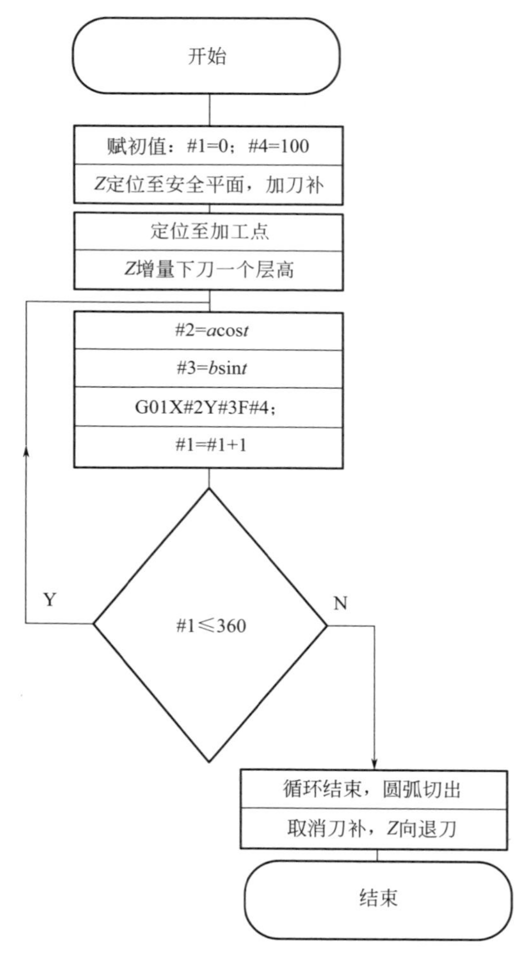

图 3-12 椭圆外轮廓铣削加工流程图

3.5.4 数控铣削椭圆外轮廓的宏程序

椭圆实例如图 3-13 所示。椭圆加工的参数宏程序如下（选用 ϕ12mm 立铣刀）。

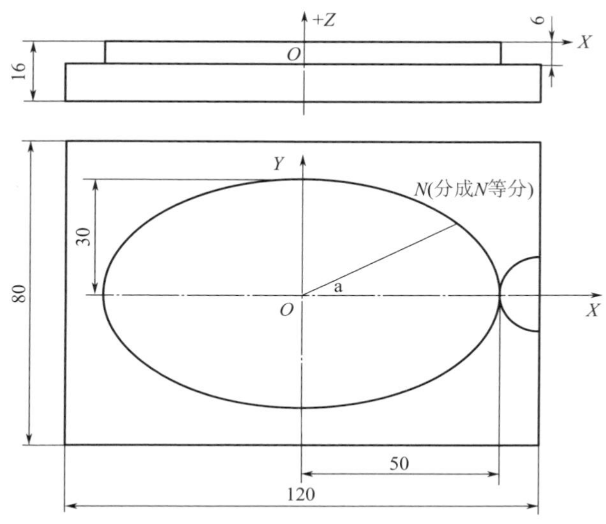

图 3-13　椭圆外轮廓铣削加工图

```
O0402;(主程序)
%
N110  G54G90G40G49G80G0Z100.0;
N115  X0.0Y0.0;
N120  M06T01;
N125  M03S2000;
N140  G01Z0.0F300;
N150  M98P0412;
N170  G0Z100.0;
N175  X0.0Y0.0M09;
N180  M30;
%

O0412;(子程序)
%
N105  ＃1＝1;
```

```
N107  ＃4＝100.0;
N108  ＃5＝50.0;
N109  ＃6＝30.0;
N110  G1Z－4.0F＃4;
N112  G42X60Y－10D01;
N114  G02X50.0Y0.0R10.0;
N115  WHILE[＃1LE360]DO1;
N120  ＃2＝＃5*COS[＃1];
N125  ＃3＝＃6*SIN[＃2];
N135  G01X＃2Y＃3F＃4;
N140  ＃1＝＃1＋1.0;
N145  END1;
N147  G02X60.0Y10.0R10.0;
N149  G1G40X70.0Y0.0;
N151  G0Z100.0M09;
N155  X0.0Y0.0;
N160  M99;
%
```

3.6 数控铣削椭圆内型腔宏程序编程的基本原理

3.6.1 数控铣削椭圆内型腔的基本方法

数控铣削加工中，数控系统常常只提供直线和圆弧插补，没有椭圆内型腔编程，只能依靠参数宏程序进行编程。铣削椭圆内型腔的参数编程，如图 3-14 所示。椭圆加工主要公式有两种，一种是椭圆中心与坐标系原点相重合的非圆曲线标准方程 $X^2/a^2+Y^2/b^2=1$，另一种是椭圆非圆曲线参数方程 $X=a\cos t$，$Y=b\sin t$。

椭圆内型腔铣削加工主要用于除料，从加工工艺上分析，一种方法是钻工艺底，另一种方法选用键槽铣刀进行加工。因为在实体材料上切削，考虑刀具的下刀方式，常用螺旋形下刀切入方式＋S 形行间连接方式切削，也可以结合其他的下刀切入方式和行间连接方式编制出相应程序，如垂直形下刀切入方式＋直线形行间连接方式，Z 字形下刀切入方式＋切入/切出行间连接方式等。下刀方式如图 3-15 所示。椭圆内型腔参数设置如图 3-16 所示。

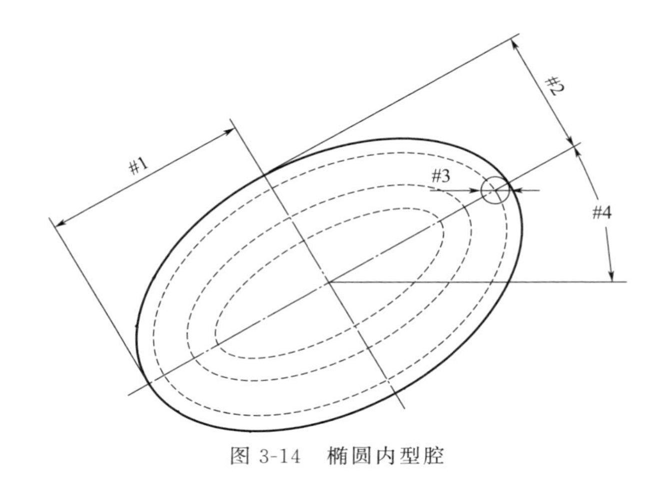

图 3-14 椭圆内型腔

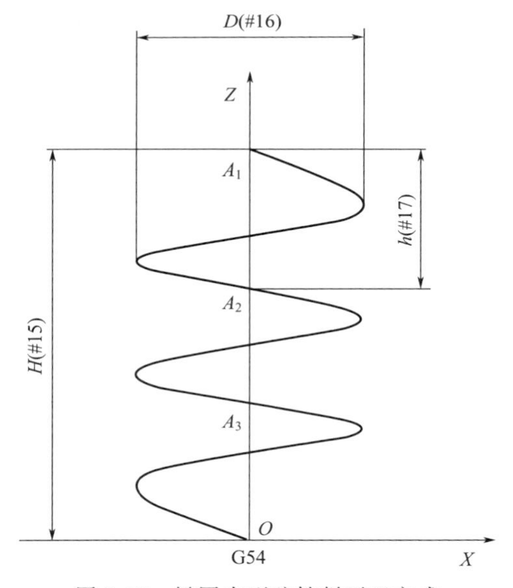

图 3-15 椭圆内型腔铣削下刀方式

3.6.2 数控铣削椭圆内型腔的参数设计

数控铣削椭圆内型腔宏程序的参数变量及含义见表 3-6。

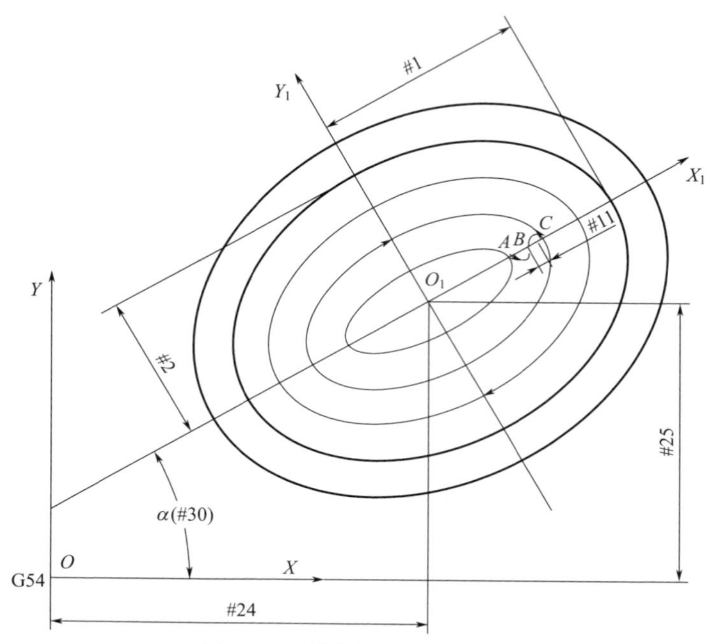

图 3-16　椭圆内型腔参数设置

表 3-6　数控铣削椭圆内型腔宏程序参数设计

参数变量	含义	参数变量	含义
#1	椭圆长半轴	#16	螺旋直径
#2	椭圆短半轴	#17	螺旋形下刀节距
#102	刀具半径对应的系统变量号	#18	确定螺旋形下刀循环次数
#4	调用#102刀具的半径值并求得直径值	#24	椭圆中心在G54坐标系中X坐标值
#5	步距系数	#25	椭圆中心在G54坐标系中Y坐标值
#6	Z值,初始值设为0	#30	椭圆长短轴与G54坐标系的X轴夹角
#7	加工总深度	#15	螺旋形下刀高度H
#8	Z轴增量,dZ	#11	S形行间连接方式半圆半径
#9	步距	#12	dθ,椭圆铣削角度增量
#10	S形行间连接方式半圆直径	#14	循环次数

3.6.3 数控铣削椭圆内型腔的流程图

椭圆内型腔铣削加工首先进行初始参数的设置，刀具进行加工定位，计算当前的加工坐标点，判断是否加工到终点，直至切削加工结束。椭圆内型腔加工流程图如图 3-17 所示。

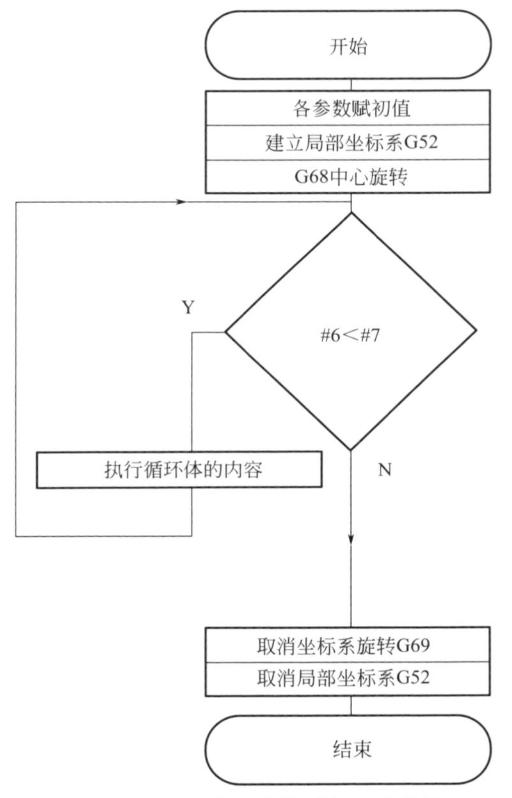

图 3-17　椭圆内型腔铣削加工流程图

3.6.4 数控铣削椭圆内型腔的宏程序

椭圆内型腔实例，如图 3-16 所示。椭圆内型腔粗加工的参数宏程序如下（选用 ϕ6mm 立铣刀）。

```
O0306;(主程序)
    …(程序头)
```

```
N180  #1=50;(椭圆长半轴)
N190  #2=40;(椭圆短半轴)
N200  #3=13000+#102;(#102 刀具半径对应的系统变量号)
N210  #4=2*#[#3];(调用#102 刀具半径值并求得直径值)
N220  #5=0.5;(步距系数)
N230  #6=0;(Z 值,初始值设为 0)
N240  #7=30;(加工总厚度)
N250  #8=5;(Z 轴增量,dZ)
N260  #9=#5*#4;(步距)
N270  #10=#9/2;(S 形行间连接方式半圆直径)
N280  #11=#9/4;(S 形行间连接方式半圆半径)
N290  #12=3;(dθ,椭圆铣削角度增量)
N300  #13=#0;(不使用)
N310  #14=FIX[#2/#9];(循环次数)
N320  #15=#8+2;(螺旋形下刀高度 H,暂设初值为层高#8+2)
N330  #16=10;(螺旋直径)
N340  #17=1;(螺旋形下刀节距)
N350  #18=FUP[#15/#17];(确定螺旋形下刀循环次数)
N360  #15=#18*#17;(螺旋形下刀高度为一个螺旋节距的#18 倍)
N370  #24=30;(椭圆中心在 G54 坐标系中 X 坐标值)
N380  #25=40;(椭圆中心在 G54 坐标系中 Y 坐标值)
N390  #30=-45;(椭圆长短轴与 G54 坐标系的 X 轴夹角)
N400  #1=#1-#[#3];(修正#1)
N410  #2=#2-#[#3];(修正#2)
N420  G52X#24Y#25;(在椭圆中心建立局部坐标系)
N430  G68X0Y0R#30;(以局部坐标系原点为中心旋转坐标系#30 度)
N440  G90G01X[#16/2]Y0F3000;(定位至螺旋下刀起点)
N450  WHLIE[#6LT#7]DO1;(如果未加工到#7 设定深度,继续循环)
N460  #6=#6+#8;(确定本次循环的 Z 坐标值)
N470  G90G01Z[-#6+#15]F[0.5*#101*#100];
(下刀至 A1 点高度,为 Z 字形下刀做准备)
N480  #19=0;(螺旋形下刀 Z 值)
N490  WHLIE[#19LT#15]DO2;(如果#19 小于#15,继续循环)
N500  #19=#19+#17;(#19 增量一个节距)
N510  G91G02I-[#16/2]Z-#17;(循环下刀一个节距)
N520  END2;(循环 2 结束)
N530  G02I-[#16/2];(圆弧插补,Z-#6 处铣削平整)
```

```
N540  G90G01X0Y0F[#100*#101];(返回至局部坐标系原点)
N550  #20=#14;(平面铣削循环次数变量,初值设置为#14)
N560  WHLIE[#20GT0]DO2;(如果#20大于0,继续循环)
N570  #20=#20-1;(平面切削循环次数变量减1)
N580  #21=#1-#20*#9;(每圈在长轴方向上移动的距离目标值,绝对值)
N590  #22=#2-#20*#9;(每圈在短轴方向上移动的距离目标值,绝对值)
N600  G90G01X[#21-#9]Y0F[#100*#101];
                                        (切削进给至每圈循环的A点)
N610 G91G03X#10R#11;(S形行间连接方式AB段逆时针圆弧)
N620 G02X#10R#11;(S形行间连接方式BC段逆时针圆弧)
N630 #23=0;(θ值)
N640 WHLIE[#23LT360]D03;(如果θ<360°,继续循环)
N650 #23=#23+#12;(θ=θ+dθ)
N660 #26=#21*COS[#23];(本次循环对应椭圆的长半轴)
N670 #27=#22*SIN[#23];(本次循环对应椭圆的短半轴)
N680 G90G01X#26Y-#27;(顺时针方向直线逼近本次循环对应的椭圆)
N690 END3;(结束循环3)
N700 END2;(结束循环2)
N710 G91G01Z[#8+#17+10]F3000;(提刀)
N720 G90X[#16/2]Y0F3000;(定位至螺旋下刀起始点)
N730 END1;(结束循环1)
N740 G69;(取消坐标系旋转)
N750 G52X0Y0;(取消局部坐标系)
…(程序尾)
%
```

编制出一般椭圆内型腔螺旋铣削精加工程序，具体程序如下所示：

```
%
O0316;(精加工程序)
…
N180  #1=50;(椭圆长半轴)
N190  #2=40;(椭圆短半轴)
N200  #3=13000+#102;(#102刀具半径对应的系统变量号)
N210  #4=#[#3];(调用#102刀具半径)
N220  #5=0;(Z值,初始值设为0)
N230  #6=30;(椭圆Z轴尺寸,即加工总深度)
N240  #7=5;(Z轴增量dZ)
```

```
N250  ＃8＝4;(切入/切出 1/4 圆弧半径系数)
N260  ＃9＝＃8＊＃4;(切入/切出 1/4 圆弧半径)
N270  ＃10＝4;(AB/AD 直线段在 X1 轴上的距离系数)
N280  ＃11＝＃10＊＃4;(AB/AD 直线段在 X1 轴上的距离)
N290  ＃12＝＃1－＃9－＃11;(起始点 A 点的 X1 轴坐标)
N300  ＃13＝1;(dθ,椭圆铣削角度增量)
N310  ＃24＝30;(椭圆中心在 G54 坐标系中 X 坐标值)
N320  ＃25＝40;(椭圆中心在 G54 坐标系中 Y 坐标值)
N330  ＃30＝－90;(椭圆长半轴与 G54 坐标系的 X 轴夹角)
N340  G52X＃24Y＃25;(在椭圆中心建立局部坐标系)
N350  G68X0Y0R＃30;(以局部坐标系原点为中心旋转坐标系＃30 度)
N360  G90G01X＃12Y0F3000;(定位到起始点 A)
N370  Z[＃5＋10];(下刀)
N380  Z－＃5F[0.5＊＃100＊＃101];(下刀)
N390  G42X[＃1－＃9]Y＃9D＃102F[＃100＊＃101];
(直线插补至 B 点,建立刀具半径右补偿)
N400  G91G02X＃9Y－＃9R＃9;(1/4 圆弧切入至 C 点)
N410  WHLIE[＃5LT＃6]DO1;(如果未加工到＃6 设定高度,继续循环)
N420  ＃14＝0;(θ＝0°)
N430  WHLIE[＃14LT360]DO2;(如果 θ<360°,继续循环)
N440  ＃14＝＃14＋＃13;(θ＝θ＋dθ)
N450  ＃15＝＃1＊COS[＃14];(椭圆上一点 X1 坐标,绝对值)
N460  ＃16＝＃2＊SIN[＃14];(椭圆上一点 Y1 坐标,绝对值)
N470  ＃17＝＃5＋＃7＊＃14/360;(Z 轴变化规律)
N480  G90G01X＃15Y－＃16Z－＃17F[＃100＊＃101];
(顺时针方向以 G01 逼近椭圆,实现螺旋加工)
N490  END2;(结束循环 2)
N500  ＃5＝＃5＋＃7;(Z＝Z＋dZ,确定本次循环的 Z 坐标值,绝对值)
N510  END1;(结束循环 1)
N520  ＃18＝0;(θ＝0°)
N530  WHLIE[＃18LT360]DO3;(如果 θ<360°,继续循环)
N540  ＃18＝＃18＋＃13;(θ＝θ＋dθ)
N550  ＃19＝＃1＊COS[＃18];(椭圆上一点 X1 坐标)
N560  ＃20＝＃2＊SIN[＃18];(椭圆上一点 Y1 坐标)
N570  G90G01X＃19Y－＃20F[＃100＊＃101];
(顺时针方向以 G01 逼近椭圆)
N580  END3;(结束循环 3)
```

```
N590  G91G02X－＃9Y－＃9R＃9;(1/4 圆弧切出 D 点)
N600  G90G40G01X＃12Y0F2000;(返回至起始点 A 点)
N610  G69;(取消坐标系旋转)
N620  G52X0Y0;(取消 G52 局部坐标系)
…(程序尾)
%
```

3.7 数控铣削凸半球曲面宏程序编程的基本原理

3.7.1 数控铣削凸半球曲面的基本方法

数控铣削凸半球曲面刀位如图 3-18 所示。半球曲面较为陡峭，加工刀具可以选择涂层硬质合金键槽铣刀、立铣刀、球头铣刀、R 角铣刀等。加工半球曲面首先定位到 Z 方向需要加工的层高，切削当前层的整圆，进刀至下一个层高，切削下一层的整圆，如此循环，直到 Z 向层高达到要求的深度，加工程序结束。由于半球曲面铣削过程中，主要利用刀具的侧面切削刃进行加工，所以常用自上而下进刀，更方便控制零件的加工曲面轮廓尺寸。半球面 $Y=0$ 的截交线方程为 $X=\pm \mathrm{SQRT}(R^2-Z^2)$，应该选择 $X=\mathrm{SQRT}(R^2-Z^2)$，半球曲面的粗加工选择刀具半径为 R 的端面立铣刀，使用自上而下等间距逐渐分层去除余量的铣削方法，半球面 $Z=Z_i$ 平面的截交线是一个半径为 $r_i=\mathrm{SQRT}(R^2-Z_i^2)$的整圆。凹半球曲面在精加工时，半球面 $Y=0$ 的截交线方程为 $X_i=R_i\cos\theta_i$，$Y_i=R_i\sin\theta_i$。

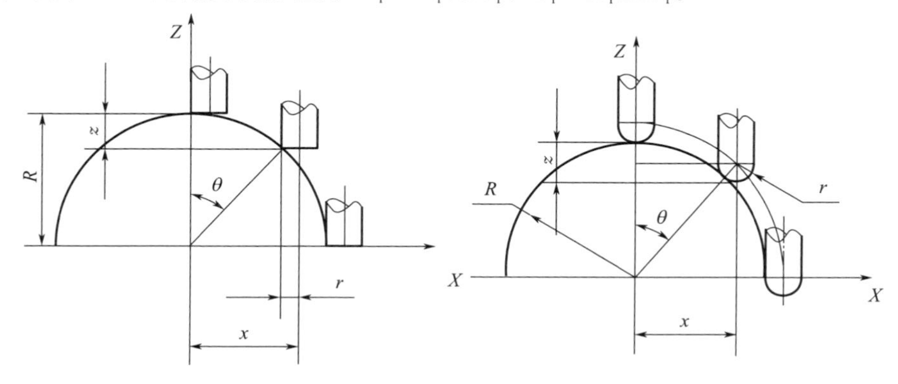

图 3-18 凹半球曲面刀位图

3.7.2 数控铣削凸半球曲面的参数设计

数控铣削凸半球曲面时，针对不同的结构形状，其参数设计不同，本例参数设计以图 3-19 所示的半球曲面为例，进行半球外轮廓曲面的加工，设计相应的参数变量及含义如表 3-7 所示。

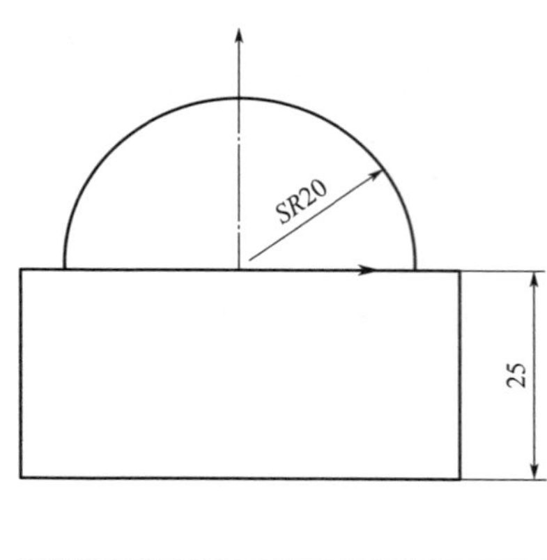

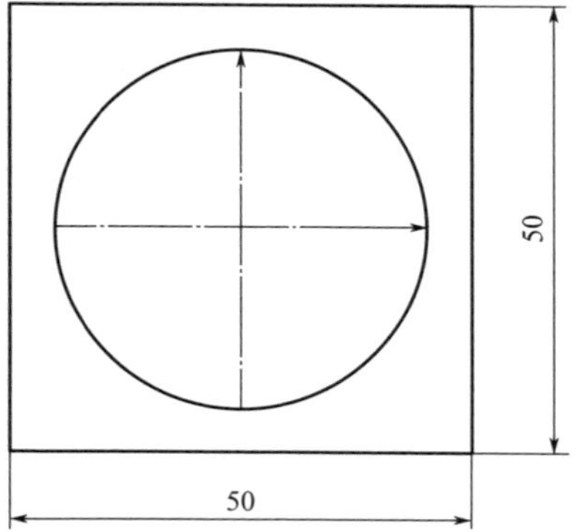

图 3-19 凸半球曲面零件图

表 3-7 凸半球曲面参数设计

立铣刀或键槽铣刀		球头铣刀或 R 角铣刀	
参数变量	含义	参数变量	含义
#1	进刀点相对球心 Z 坐标	#100	中间变量
#2	切削圆半径	#200	中间变量
#3	角度初值	#3	角度增量
#4	球径	#4	球径
#7	刀具半径	#7	刀具半径

续表

立铣刀或键槽铣刀		球头铣刀或 R 角铣刀	
参数变量	含义	参数变量	含义
#9	进给速度	#9	进给速度
#17	角度增量	#17	角度增量
#24	球心 X 坐标	#24	球心 X 坐标
#25	球心 Y 坐标	#25	球心 Y 坐标
#26	球高 Z 坐标值	#26	球高 Z 坐标值

3.7.3 数控铣削凸半球曲面的流程图

凸半球曲面铣削加工首先进行初始参数的设置和起始角度的设置，然后将刀具定位到起始加工点，程序判断当前角度值是否小于或者等于 90°，如果当前角度值小于或者等于 90°，刀具进行圆加工定位，然后加工整圆，并计算下一点的角度值，直至整圆加工结束。半球曲面加工流程图如图 3-20 所示。

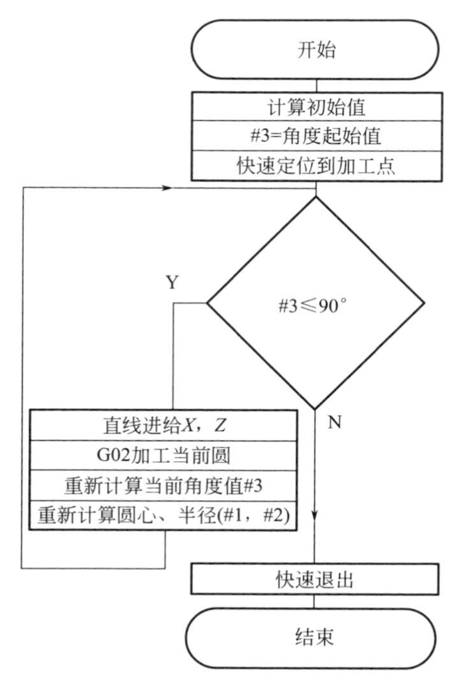

图 3-20 凸半球曲面加工流程图

3.7.4 数控铣削凸半球曲面的宏程序

在进行凸半球曲面参数设计和程序流程图分析的基础上，根据半球曲面的零件图形（如图 3-19 所示）编制半球曲面的模块化数控加工的参数宏程序，如下所示（本例选用 ϕ6mm 硬质合金端面立铣刀）。

```
O0307;(凸半球曲面主程序)
N110  G54G90G21G94G40G0X0.0Y0.0Z150.0G17;
N115  M03S3500;
N120  G43Z30.0H01;
N125  M06T01;
N130  G65P0317X0.0Y0.0Z－20.0D6I20.5Q3F120.0;
N135  G49Z120.M05;
N140  G28G0Z50.0;
N145  M06T02;
N150  M03S4000;
N155  G43Z50.0H2;
N160  G65P0318X0Y0Z－20.0D6I20Q0.5F300.0;
N165  G49G0Z50;
N170  G28G0Z150;
N175  M05;
N180  M30;

%0317;(凸半球曲面子程序,选用立铣刀加工)
N210  #1=#4+#26;(进刀点相对球心 Z 坐标)
N215  #2=SQRT[#4*#4-#1*#1];(切削圆半径)
N225  #3=ATAN[#1/#2];(计算反正切值,赋给变量#3)
N228  #2=#2+#7;(累加,赋给变量#2)
N232  G90G0X[#7+#24+#2+2]Y#25;(计算 X 坐标,绝对方式定位 X 和 Y)
N235  Z50.0;(提刀至 Z50 位置)
N240  G01Z#26F120.0;(Z 方向下刀)
N245  WHILE[#3LT90]DO1;(角度小于 90°,执行循环)
N250  G01Z#1F#9;(Z 向下刀至#1)
N255  G01X[#2+#24]F#9;(X 向直线加工)
N262  G02I-#2J0F#9;(加工整圆,使用圆心法编程)
N265  #3=#3+#17;(累加,赋给变量#3)
```

```
N272  #1=[SIN[#3]-1.0]*#4;(计算 Z 值,赋给变量#1)
N275  #2=#4*COS[#3]+#7;(计算 r 值)
N280  END1;(DO 循环结束)
N285  G00Z30.0;(提刀至 Z30)
N290  M99;

%0318;(凸半球曲面子程序,选用球头铣刀加工)
N310  #100=#4+#26;(累加后,将中间变量进行赋值)
N312  #200=SQRT[#4*#4-#100*#100];(将运算结果赋给#200 变量)
N322  #3=ATAN[#100/#200];(计算反正切值,将其赋给#3 变量号)
N324  #4=#4+#7;(赋值球径)
N330  #100=[SIN[#3]-1]*#4;(正弦计算,并赋给中间变量)
N335  #200=COS[#3]*#4;(余弦计算,并赋给中间变量)
N340  G90G0X[#24+#200+2]Y[#25];(计算 X 坐标,绝对方式定位 X 和 Y)
N342  Z30.0;(提刀至 Z30)
N352  G01Z#26F300.0;(直线插补到当前 Z 向层高处)
N355  WHILE[#3LT90]DO1;(当角度小于 90°时,执行 DO 循环)
N360  G1Z#100F#9;(进刀至当前高度处)
N365  X[#24+#2];(直线插补)
N370  G02I-#200J0F#9;(加工整圆,使用圆心法编程)
N375  #3=#3+#17;
N380  #100=#4*[SIN[#3]-1];(正弦计算下一个值,并赋给中间变量)
N385  #200=#4*COS[#3];(余弦计算下一个值,并赋给中间变量)
N390  END1;(DO 循环结束)
N395  G00Z120.0;(提刀至 Z120)
N400  M99;
%
```

3.8 数控铣削凹半球曲面宏程序编程的基本原理

3.8.1 数控铣削凹半球曲面的基本方法

数控铣削凹半球曲面刀位如图 3-21 所示。凹半球曲面较为陡峭，加工刀具可以选择涂层硬质合金键槽铣刀、立铣刀、球头铣刀、R 角铣刀等。加工凹半球曲面首先定位到 Z 方向需要加工的位置，切削当前层的整圆，进刀至下一个层高，切削下一层的整圆，如此循环，直到 Z 向层高达到要求的深度，加工程序结束。由于凹半球曲面铣削过程中，主要利用刀具的侧面切削刃进行加工，所以常用自上而下进刀，更方便控制零件的加工曲面轮廓尺寸。凹半球面 $Y=0$ 的截交线方程为 $X=\pm$SQRT（R^2-Z^2），应该选择 $X=$SQRT（R^2-Z^2），凹半球曲面的粗加工选择刀具半径为 R 的端面立铣刀，使用自上而下等间距逐渐分层去除余量的铣削方法，半球面 $Z=Z_i$ 平面的截交线是一个半径为 $r_i=$SQRT（$R^2-{Z_i}^2$）的整圆。凹半球曲面在精加工时，半球面 $Y=0$ 的截交线方程为 $X_i=R_i\cos\theta_i$，$Y_i=R_i\sin\theta_i$。

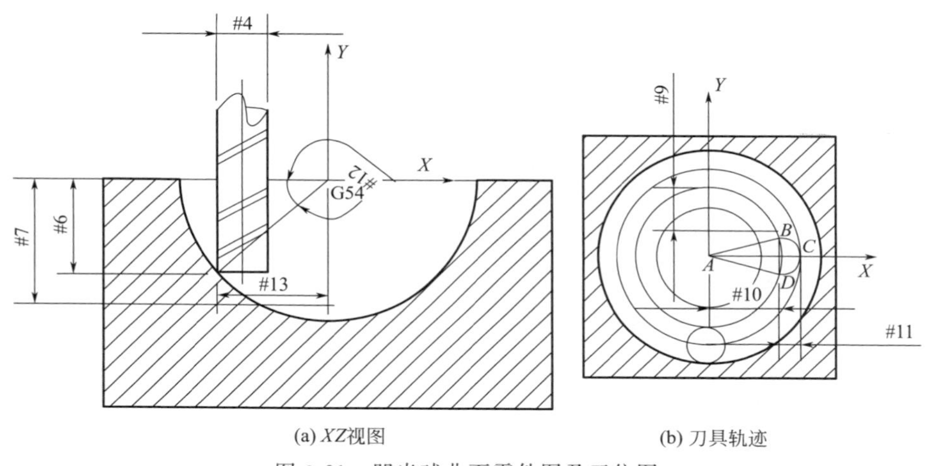

(a) XZ视图　　(b) 刀具轨迹

图 3-21　凹半球曲面零件图及刀位图

3.8.2　数控铣削凹半球曲面的参数设计

数控铣削凹半球曲面时，不同的结构形状，其参数设计不同。本例参数设计以图 3-21 所示的半球曲面为例，进行半球外轮廓曲面的加工。设计相应的参数变量及含义如表 3-8 所示。

表 3-8　凹半球曲面参数设计

立铣刀或键槽铣刀		球头铣刀或 R 角铣刀	
参数变量	含义	参数变量	含义
＃1	球面半径	＃11	1/4 圆弧切入/切出半径
＃3	＃102 刀具半径对应的系统变量号	＃15	螺旋形下刀高度 H

续表

立铣刀或键槽铣刀		球头铣刀或 *R* 角铣刀	
参数变量	含义	参数变量	含义
#4	调用#102刀具半径值并求得直径值	#16	螺旋直径
#5	步距系数	#17	螺旋形下刀节距
#6	*Z* 值	#18	螺旋形下刀循环次数
#7	加工总深度	#19	螺旋下刀 *Z* 值
#8	Z 轴增量 d*Z*,即层高	#20	本层切削循环次数变量
#9	步距	#21	本次循环对应的圆半径
#10	直线段 *AB*/*AD* 在 *X* 轴上的长度		

3.8.3 数控铣削凹半球曲面的流程图

凹半球曲面铣削加工首先进行初始参数的设置，赋值螺旋下刀的相关切削参数，如螺旋直径、螺旋节距等，然后将刀具定位到指定加工点，判断是否加工到对应的深度值，如果没有达到加工深度值，执行循环体 WHILE…DO2，再执行 WHILE…DO1，直至加工到相应的深度值。凹半球曲面加工流程图如图 3-22 所示。

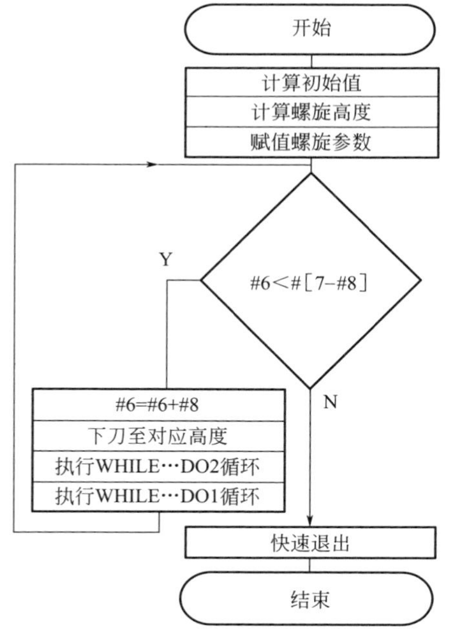

图 3-22　凹半球曲面加工流程图

3.8.4 数控铣削凹半球曲面的宏程序

在进行凹半球曲面参数设计和程序流程图分析的基础上，根据半球曲面的零件图形（如图 3-21 所示）编制半球曲面的模块化数控加工的参数宏程序。本例选用 ϕ6mm 硬质合金端面立铣刀。下刀切入采用螺旋形下刀方式，也可以采用其他的诸如 Z 字形下刀切入方式、垂直形下刀切入方式等。行间连接方式本例采用切入及切出连接方式，同样也可以采用 S 形行间连接方式、直线形行间连接方式。

```
O0308;(凹半球曲面粗加工主程序)
…
N180  ＃1＝50;(球面半径)
N190  ＃3＝13000＋＃102;(＃102 刀具半径对应的系统变量号)
N200  ＃4＝2＊＃[＃3];(调用＃102 刀具半径值并求得直径值)
N210  ＃5＝0.5;(步距系数)
N220  ＃6＝0;(Z 值,初始值设置为 0)
N230  ＃7＝50;(加工总深度)
N240  ＃8＝5;(Z 轴增量 dZ,即层高)
N250  ＃9＝＃5＊＃4;(步距)
N260  ＃10＝0.7＊＃4;(直线段 AB/AD 在 X 轴上的长度)
N270  ＃11＝0.6＊＃4;(1/4 圆弧切入/切出半径)
N280  ＃15＝＃8;(螺旋形下刀高度 H,暂设初值层高＃8)
N290  ＃16＝10;(螺旋直径)
N300  ＃17＝1;(螺旋形下刀节距)
N310  ＃18＝FUP[＃15/＃17];(确定螺旋形下刀循环次数)
N320  ＃15＝＃18＊＃17;(螺旋形下刀高度设为一个螺旋节距的＃18 倍)
N330  IF[＃7GT＃1]THEN＃7＝＃1;(如果加工高度大于球面半径,强行加工半球)
N340  G90G01X[＃16/2]Y0F3000;(定位至螺旋下刀起点)
N350  WHILE[＃6LT[＃7－＃8]]DO1;(如果未加工到[＃7－＃8]设定深度,继续
                                  循环)
N360  ＃6＝＃6＋＃8;(Z＝Z＋dZ。确定本次循环的 Z 坐标值,绝对值)
N370  G90G01Z[－＃6＋＃15]F[＃101＊＃100];(下刀至 A1 点高度,为 Z 字形下
                                          刀 Z 值)
N380  ＃19＝0;
N390  WHILE[＃19LT＃15]DO2;(如果＃19 小于＃15,继续循环)
N400  ＃19＝＃19＋＃17;(＃19 增量一个节距)
```

```
N410  G91G02I－[＃16/2]Z－＃17F[0.5＊＃101＊＃100];(螺旋下刀一个节距)
N420  END2;(循环 2 结束)
N430  G02I－[＃16/2];(圆弧插补,Z－＃16 处铣削平整)
N440  G01X0Y0;(回到 G54 原点)
N450  ＃12＝ASIN[＃6/＃1];(图 3-21 所示角度)
N460  ＃13＝＃1＊COS[＃12];(图 3-21 所示半径)
N470  ＃14＝FIX[＃13/＃9];(本层循环次数)
N480  ＃20＝＃14;(本层切削循环次数变量,初值设置为＃14)
N490  WHILE[＃20GT1]DO2;(如果＃20 大于 1,继续循环)
N500  ＃20＝＃20－1;(切削循环次数变量减 1)
N510  ＃21＝＃13－＃20＊＃9;(本次循环对应的圆半径)
N520  G90G01X[＃21－＃10－＃11]Y0F[＃100＊＃101];(切削进给至每层循环
                                               A 点)
N530  X[＃21－＃11]Y＃11F[＃100＊＃101];(直线进给至 B 点)
N540  G91G02X＃11Y－＃11R＃11;(1/4 圆弧切出 D 点)
N550  G90G02I－＃21;(顺时针加工本次循环对应的整圆)
N560  G91G02X－＃11Y－＃11R＃11;(1/4 圆弧切出 D 点)
N570  G90G01X[＃21－＃10－＃11]Y0;(直线返回至 A 点)
N580  END2;(结束循环 2)
N590  G90G01Z50F3000;(提刀至 Z50 处)
N600  X[＃16/2]Y0F3000;(定位至螺旋形下刀起点处)
N610  END1;(结束循环 1)
…(程序尾)
%

O0318;(凹半球曲面精加工主程序)

…
N180  ＃1＝50;(球冠半径)
N190  ＃3＝13000＋＃102;(＃102 刀具半径对应的系统变量号)
N200  ＃4＝＃[＃3];(调用＃102 刀具半径)
N210  ＃5＝0;(Z 值,初始值设置为 0)
N220  ＃6＝50;(球冠高度)
N230  ＃7＝2.5;(Z 轴增量 dZ)
N240  ＃10＝1＊＃4;(1/4 切入/切出圆弧半径)
N250  IF[＃6GT＃1]THEN＃6＝＃1;(图 3-21 所示半径)
N260  WHILE[＃5LT＃6]DO1;(如果加工高度大于球面半径,强行加工半球)
```

```
N270  ＃5＝＃5＋＃7;(Z＝Z＋dZ。确定本次循环的 Z 坐标值,绝对值)
N280  ＃13＝ASIN[＃5/＃1];(图 3-21 所示角度)
N290  ＃14＝[＃1－＃4]＊COS[＃13];(本次循环对应圆的半径)
N300  ＃16＝＃5＋＃4＊[1－SIN[＃13]];(Z－＃5 时刀位点 S 的 Z 坐标值,绝
                                    对值)
N310  G90G01X0Y0F3000;(本次循环起始点 O)
N320  Z－＃16F[＃100＊＃101];(下刀至本次铣削高度)
N330  G90G01X[＃14－＃10]Y＃10F3000;(直线插补至 B 点)
N340  G91G02X＃10Y－＃10R＃10F[＃100＊＃101];(1/4 圆弧切入工件至 C 点)
N350  G02I－＃14;(顺时针铣削本次循环对应的圆)
N360  G91G02X－＃10Y－＃10R＃10;(1/4 圆弧切出工件至 D 点)
N370  G90G01X0Y0F3000;(返回到起始点 A)
N380  END1;(结束循环 1)
…(程序尾)
%
```

3.9 数控铣削凹椭球曲面宏程序编程的基本原理

3.9.1 数控铣削凹椭球曲面的基本方法

凹椭球曲面可以看作是椭圆旋转而成。加工凹椭球时，从椭球顶部一层一层向下铣削，每圈为一个完整的椭圆，最后形成半个凹椭球曲面。以凹椭球体中心为原点，建立坐标系方程，其表达式为

$$\frac{X^2}{a^2}+\frac{Y^2}{b^2}+\frac{Z^2}{c^2}=1 \tag{3-1}$$

式中，X、Y、Z 分别代表三个坐标轴；a、b、c 分别代表三个坐标轴的直径。由式(3-1) 知，数控铣削凹椭球曲面时，将转化为铣削同层椭圆，Z 为每层下刀层高，在 XOY 平面椭球转变为公式

$$\frac{X^2}{a^2}+\frac{Y^2}{b^2}=1 \tag{3-2}$$

因此，凹椭球曲面加工方程就转变为椭圆的加工方程，使其加工简化。另外，同层椭圆的加工应由内至外或由外至内全部铣削所有的加工材料。在

105mm×105mm×55mm 的铝合金毛坯上，加工凹椭球曲面，其尺寸为 X 长半轴 50mm，Y 半轴 40mm，Z 半轴 30mm，粗加工选用 ϕ8mm 键槽铣刀，精加工选用 ϕ6mm 球头铣刀；机床选用 VMC850 加工中心，该机床配备 FANUCOIMATEMB 数控系统，刀库容量为 10；夹具选用通用平口虎钳。

凹椭球曲面 Z 方向选用 ϕ8mm 键槽铣刀，下刀方式为垂直下刀。另一种选用 ϕ8mm 平底立铣刀，由于平底立铣刀中心无切削刃，选用中心钻头预钻中心落刀孔，XY 方向走刀路线按椭圆轨迹进行加工。凹椭球曲面在 XY 平面内按椭圆轨迹进行切削加工，每走完一个椭圆轨迹还需判断同层的轮廓是否全部加工完毕，否则需要继续走刀加工，直到同层轮廓全部加工结束；Z 方向再下降一个增量值，直到 Z 达到凹椭球曲面底部尺寸值，结束加工循环。

一方面，凹椭球曲面为内部凹曲面形状，如果使用 G41 或 G42，当刀具半径超过凹椭球曲面的最小曲率半径 r，就会产生过切现象，导致无法加工或者零件报废，机床也会因此产生报警信息。另一方面，在刀补的建立及执行阶段，随着同层椭圆由内向外加工，外层椭圆尺寸逐渐加大，也会产生过切现象或因刀补而产生机床报警信息。因此，引入椭圆内等距线参数方程，解决编程过切问题。计算公式如下式所示：

$$X = A\cos\theta - (KB\cos\theta)/[\mathrm{SQRT}(A^2\sin^2\theta + B^2\cos^2\theta)] \quad (3\text{-}3)$$

$$Y = B\sin\theta - (KB\sin\theta)/[\mathrm{SQRT}(A^2\sin^2\theta + B^2\cos^2\theta)] \quad (3\text{-}4)$$

上式中，A 为凹椭球中同层椭圆的长半轴，B 为凹椭球中同层椭圆的短半轴，K 为系数，取 K 小于或等于椭圆的最小曲率半径，θ 为椭圆的离心角，取值范围为 0～360°。X、Y 为 XOY 平面内的变化值。凹椭球走刀路线设计如图 3-23 所示。

数控铣削凹半椭球曲面时，针对不同的结构形状，其参数设计不同，对凹椭球零件的参数和变量进行详细的定义，保证变量在程序中都有确定的含义，使程序在运算后得到预期结果。凹椭球零件的变量和参数如表 3-9 所示。

表 3-9　凹椭球曲面参数设计

传递参数	宏变量	含义及作用	宏变量	含义及作用
A	#1	椭球 X 方向长半轴	#11	XZ 平面，椭球中的 X 值
B	#2	椭球 Y 方向短半轴	#12	YZ 平面，椭球中的 Y 值
C	#3	椭球 Z 方向短半轴	#14	Y 方向移动次数

续表

传递参数	宏变量	含义及作用	宏变量	含义及作用
I	#4	刀具半径	#15	同层内圈移动 *X* 值
M	#13	*Z* 坐标变量	#16	同层内圈移动 *Y* 值
Y	#25	同层椭圆角度增量	#17	椭圆刀心轨迹上一点 *X* 值
Z	#26	Z 坐标分层递减量	#18	椭圆刀心轨迹上一点 *Y* 值
	#5	重置初始角度变量	#20	同层椭圆内等距参数变量
	#6	刀具到达椭球底部 *Y* 值	#21	同层椭圆内等距参数变量
	#7	刀具到达椭球底部 *Z* 值	#22	同层椭圆内等距参数变量
	#8	步距值，取刀具直径的 0.8 倍	#23	同层椭圆内等距线 *X* 坐标
	#9	*XZ* 平面，椭球中的 *Z* 值	#24	同层椭圆内等距线 *Y* 坐标

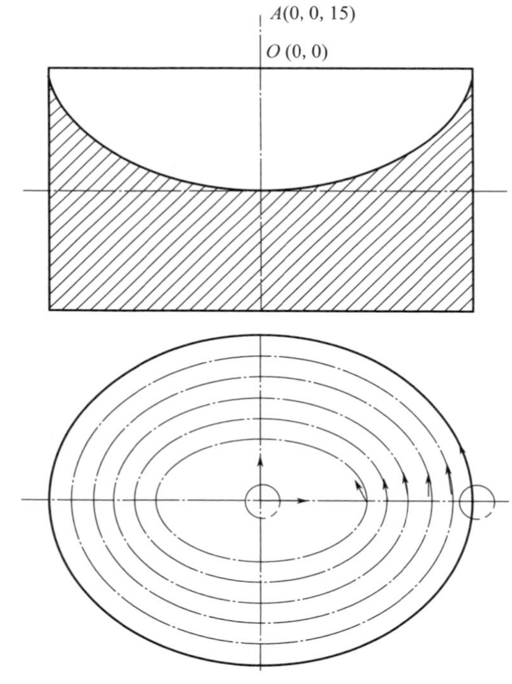

图 3-23　凹椭球曲面走刀路线图

3.9.2　数控铣削凹椭球曲面的流程图

凹椭球在编程前，先设计其流程框图，使宏程序的编程更加清晰，逻辑关系更有条理，也不容易出现差错。凹椭球流程图设计思路为首先确定 Z 坐标最大值，作为判断终止切削加工的依据，如果刀具未加工到凹椭球的底部，则进行同层的椭圆加工，然后，判断同层是否全部加工完毕，如果没有加工到同层的最外轮廓，则继续加工同层内轮廓，直到同层内部全部加工结束后，加工同层最外层椭圆轮廓。完整的流程图如图 3-24 所示。

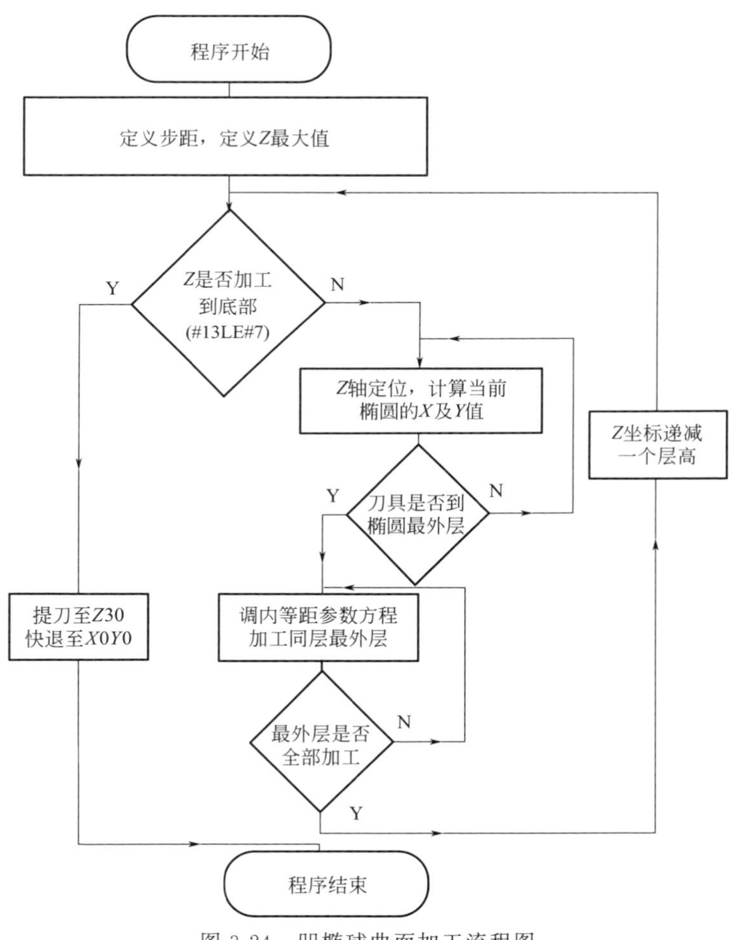

图 3-24　凹椭球曲面加工流程图

3.9.3　数控铣削凹椭球曲面的宏程序

在进行凹椭球曲面参数设计和程序流程图分析的基础上，根据椭球曲面的零件图形（如图 3-23 所示）编制凹椭球曲面的数控加工参数宏程序。

```
O0309;(凹椭球曲面粗加工主程序)
N10  G54G40G49G21G80G90G00X0Y0Z30;(调用 G54 工件坐标系,取消半径和长度
                                    补偿)
N20  M03S3000;(主轴正转,3000r/min)
N30  G65P0319A20B15C10I4M0Y1Z1;(调用子程序 O0319)
N40  M05;
N50  M30;(程序结束,并返回起始点)
O0319;(子程序)
  #6=1-[#4*#4]/[#2*#2];(刀具到达椭球底部的 Y 值)
  #7=SQRT[#6*#3*#3];(刀具到达椭球底部的 Z 值)
  #8=2*0.8*#4;(设置步距为刀具的 0.8 倍)
N10  IF[#13LE#7]GOTO100;(判断是否加工到椭球的底部)
    G00Z[#13+3];(刀具定位至工件上方 3mm 处)
    G01Z#13F80;(Z 向下刀至#13 处)
    #9=1-[#13*#13]/[#3*#3];
    #11=SQRT[#9*#1*#1];(当 Y=0 时,XZ 同层平面长半轴)
    #12=SQRT[#9*#2*#2];(当 X=0 时,YZ 同层平面短半轴)
    #14=FIX[#12-#4/#8];(将短半轴单边最大移动距离除以步距并上取整)
    WHILE[#14GE1]DO1;(判断是否走到最外圈)
    #15=#11-#4-#14*#8;(同层内圈刀具移动 X 值)
    #16=#12-#4-#14*#8;(同层内圈刀具移动 Y 值)
    #5=0;(角度变量)
    WHILE[#5GE360]DO3;(判断是否走完一圈椭圆)
    #20=#11*#11*SIN[#5]*SIN[#5];(计算椭圆内等距参数)
             #21=#12*#12*COS[#5]*COS[#5];
             #22=SQRT[#20*#21];
             #23=#11*COS[#5]-#4*#12*COS[#5]/#22;(同层椭圆最
                                                  外圈 X 坐标
                                                  值)
             #24=#12*SIN[#5]-#4*#11*SIN[#5]/#22;(同层椭圆最
                                                  外圈 Y 坐标
                                                  值)
    G01X#23Y#24F300;(直线拟合插补)
    END3;
    G00Z3;(快速提刀到 Z3)
    #13=#13-#26;(Z 进给至下一层)
    GOTO10;(无条件跳转至 N10 程序语句)
```

```
N100  G00Z30;(快速提刀至 Z30)
G00X0Y0;(快速移动到 X0Y0 处)
M99;(宏程序结束并返回主程序)
%
```

3.10 数控铣削正八边形倒角宏程序编程的基本原理

3.10.1 数控铣削正八边形倒角的基本方法

正八边形倒角及上下等半径拐角过渡圆弧，加工的零件材料选为 45 钢。毛坯外形尺寸为 105mm×105mm×25mm，工件外形或内型腔已加工完成。首先，制定正八边形倒角及上下等半径拐角圆弧过渡的数控加工工艺方案，其次，按加工图样要求完成节点或基点的计算，最后，再编制数控加工宏程序进行加工验证。正八边形倒角加工零件图如图 3-25 所示。

从零件图样可知，轮廓的周边及过渡圆弧要求精度较高，表面粗糙度值要求较小。零件装夹定位方式为采用平口虎钳装夹，安装工件时，首先找正钳口精度，工件被加工部分应高出钳口 3mm，以避免刀具与钳口发生干涉。以加工零件顶面中心为编程坐标系原点，采用平底立铣刀由下至上顺铣等高

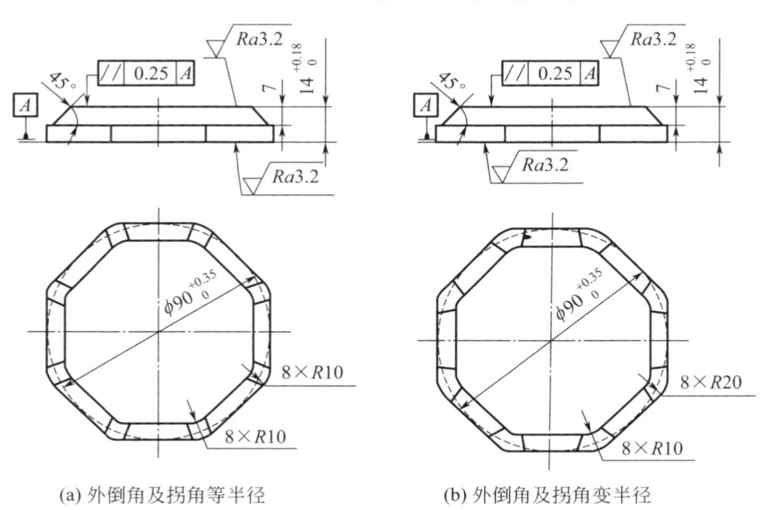

(a) 外倒角及拐角等半径

(b) 外倒角及拐角变半径

图 3-25

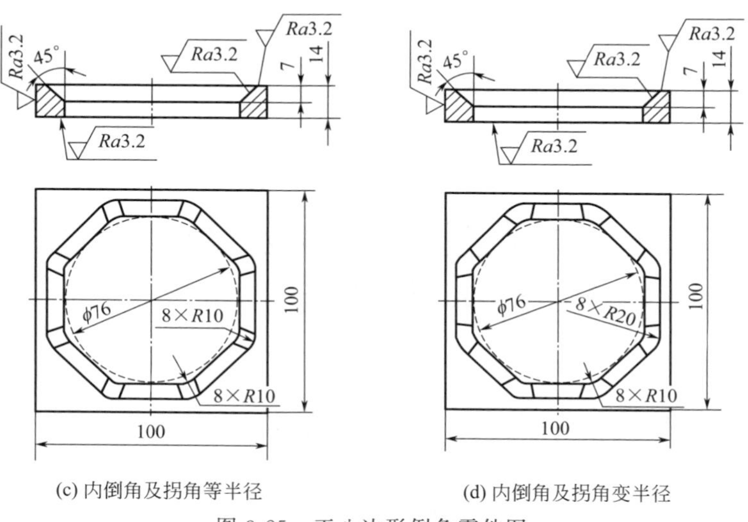

图 3-25 正八边形倒角零件图

加工，初始点定在工件前面中央，1/4 圆弧切入、切出。正八边形外倒角及上下等半径（变半径）拐角圆弧过渡加工顺序为：铣出 6mm 安装夹持面→调头毛坯夹持夹持面→用 ϕ120mm 面铣刀粗、精铣顶平面→用 ϕ16mm 平底立铣刀粗、精铣正八边形外轮廓→用 ϕ8mm 平底立铣刀精铣倒角及过渡圆弧→调头工件铣底平面及夹持面。

正八边形内倒角及上下等半径拐角圆弧过渡加工顺序为：铣出 6mm 夹持面→调头毛坯夹持夹持面→用 ϕ120mm 面铣刀粗，精铣上平面→用 ϕ19mm 麻花钻钻通孔→用 ϕ16mm 平底立铣刀粗、精铣外形轮廓，粗铣正八边形内腔→用 ϕ8mm 平底铣刀精铣正八边形内腔和倒角、过渡圆弧→调头工件铣底平面及夹持面。

3.10.2 数控铣削正八边形倒角的参数设计

正八边形节点数据分析如图 3-26 所示，正八边形内切圆半径 $OB=R$，刀具半径为 $BD=\phi/2$，斜面与垂向夹角为 α。

在△AOB 中，$\beta=\angle AOB=\angle COD=180°/n$，$\angle ABO=90°$，$OB=R$，则 $AB=OB\tan\beta$。

在△OCD 中，$\beta=\angle AOB=\angle COD=180°/n$，$\angle CDO=90°$，$OD=OB+BD=R+\phi/2$，则 $OC=OB\cos\beta=(R+\phi/2)\cos\beta$。在△$DEF$ 中，$\angle DEF=90°$，$\angle DFE=\alpha$，$EF=h$，则 $DE=EF\tan\alpha=h\tan\alpha$。应用数学计算公式进行

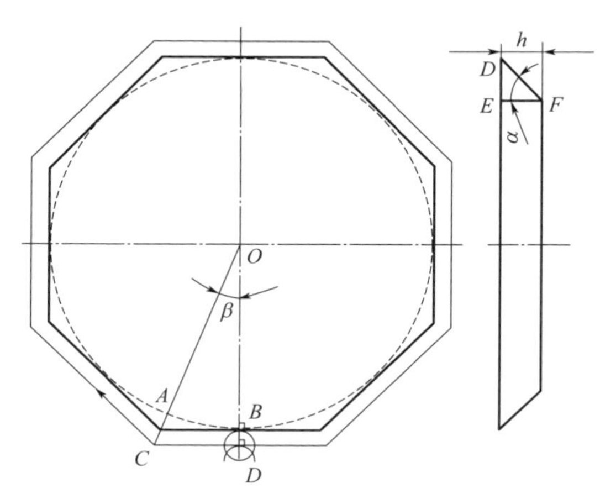

图 3-26　正八边形节点数据分析图

分析，正八边形外（内）倒角及上下等半径（变半径）拐角圆弧过渡的数控程序编制采用宏程序与简化编程方式相结合，切削用量采用小背吃刀量（0.01mm）、高进给速度（1200mm/min）、高切削速度（转速 4000r/min）。自变量和局部变量含义如表 3-10 所示。

表 3-10　正八边形倒角参数设计

自变量	对应局部变量	赋值说明
A	#1	正八边形内切圆半径 d_z
B	#2	正八边形各顶点过渡圆角半径
C	#3	周边与垂直方向夹角
I	#4	倒角高度
J	#5	刀具半径
K	#6	d_z 设为自变量，赋初始值为 0
D	#7	自变量#6 等高增量
E	#8	1/4 圆弧切入/切出半径
F	#9	正八边形的 1/2 圆心角
H	#11	外倒角等 R_1 变 R_2；内倒角等 R_3 变 R_4

3.10.3　数控铣削正八边形倒角的流程图

正八边形内倒角加工的流程图如图 3-27 所示。正八边形内倒角加工首先判断 Z 方向的加工尺寸是否达到其加工深度，如果没有达到，进给一个

Z 向层高，然后进行当前层的切削加工，直至当前层的切削加工完成。

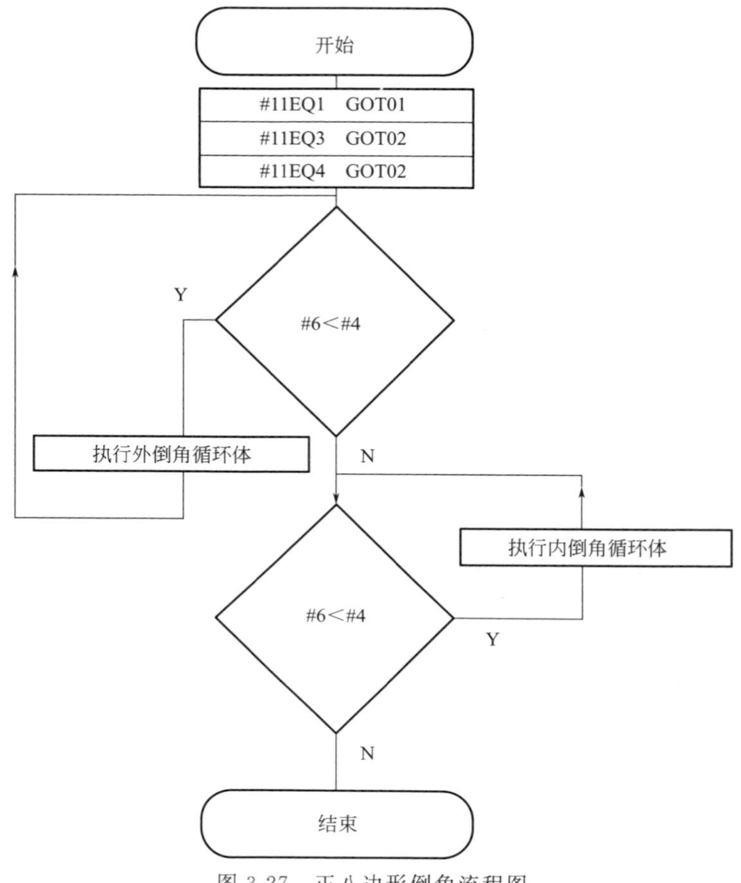

图 3-27 正八边形倒角流程图

3.10.4 数控铣削正八边形倒角的宏程序

在进行型腔参数设计和程序流程图分析的基础上，根据型腔曲面的零件图形（如图 3-27 所示）编制型腔的模块化数控加工的参数宏程序，本例选用 ϕ6mm 键槽铣刀。

```
O0310;(正八边形外倒角及上下等半径拐角圆弧过渡)
N10  G54 G90 G40 G0 X0 Y0 Z50.0;
N20  M03 S4000;
N30  G65P0312A90B10C45I7J5K0D0.01E4F22.5H1;
```

```
N40  M05;
N50  M30;
%
O0311;(正八边形外倒角及上下半径拐角圆弧过渡)
 N100  G54 G90 G40 G0 X0 Y0 Z50.0;
 N110  M3 S4000;
 N120  G65P0312A90B10C45I7J5K0D0.01E4F22.5H1;
 N130  M05;
 N140  M30;
 %

 O0312;[正八边形外(内)倒角及上下等半径拐角圆弧过渡的通用子程序]
 IF[#11EQ1]GOTO1;
 IF[#11EQ2]GOTO1;
 IF[#11EQ3]GOTO2;
 IF[#11EQ4]GOTO2;
 N1  WHILE[#6LE#4]DO1;(假如加工高度#6≤#4,循环继续)
 #17=#1+#5-#6*TAN[#3];(初始点到原点距离,外倒角加工)
 IF[#11EQ1]GOTO11;
 IF[#11EQ2]GOTO22;
 N11  #19-#2+#5;(上下等半径刀具轨迹在正多边形各拐点过渡圆半径)
 GOTO88;
 N22  #19=#2+#5-#6*TAN[#3];(上下变半径刀具轨迹在正多边形各拐点
过渡圆半径)
 N88G90G0X#8Y[-#17-#8];(快速移动每层中央的初始点,外倒角加工)
 G1Z[-#4+#6]F150;(G1 移至当前刀位点 )
 G91G3X-#8Y#8R#8;(1/4 圆弧切入)
 G90G1X-[#17*TAN[#9]],R#19F1200;(沿多边形轮廓走刀)
X-#17Y-[#17*TAN[#9]].R#19: X-#17YI#17*TAN[#9]].R#19;
X-[#17*TAN[#9]]Y#17,R#19; X1#17*TANI#911Y#17.R#19;
X#17Y[#17*TAN[#0]].R#19; X#17Y-1#17*TAN#911.R#19;
X[#17*TAN[#9]]Y-#17,R#19; X0:
 G91G3X-#8Y-#8R#8;;(1/4 圆弧切出)
 #6=#6+#7;;(Z 坐标递增为#7 )
 END1
 N2  WHILE[#6LE#4]DO2;(假如加工高度#6≤#4,循环继续)
 #17=#1-#5+#6*TAN[#3];(初始点到原点距离,内倒角加工)
```

```
 IF #11EQ3]GOTO33;
 IF F#11EQ4 GOTO 44;
N33  #19=#2-#5;(上下等半径刀具轨迹在正多边形各拐点过渡圆半径)
GOTO 99;
N44  #19=#2-#5+#6*TAN[#3];(上下变半径刀具轨迹在正多边形各拐点过渡圆半径)
N99G90G0X-#8Y[-#17+#8];(快速移动每层中央的初始点)
G1 Z[-#4+#6]F150;(内倒角加工)
 G91G3X#8Y-#8R#8;
 G90G1X#17*TAN[#9]],R#19F1200;(沿多边形轮廓走刀)
X#17Y-[#17*TAN[#9]].R#19; X#17Y#17*TAN#917.R#19;
X[#17*TAN[#9]]Y#17,R#19; X-[#17*TAN[#9]]Y#17,R#19;
X-#17Y#17*TANT#911.R#19: X-#17Y-[#17*TAN[#9]],R#19;
X-#17*TAN#9Y-#17.R#19;
  X0;
 G91G3X#8Y#8R#8;
 #6=#6+#7;
 END 2;
 G0Z50;
 M99;
 %
```

第4章

数控宏程序编程综合应用

4.1 数控宏程序在体外碎石机零件加工中的应用

4.1.1 医用体外碎石机零件介绍

医用碎石机主要用于治疗结石类疾病，该核心零件是反射体回转曲面类零件。医用碎石机的反射体部分的零件图如图4-1所示。反射体形状主要为椭圆。

椭圆一般方程为：$X^2/73.5^2+Y^2/84.8^2=1.0$

椭圆参数方程为：$X=73.5\cos t$；$Y=84.8\sin t$

4.1.2 医用体外碎石机零件加工分析

医用体外碎石机内轮廓为椭圆圆弧曲面，采用$\phi6.0$mm钻头打底孔，并选用$\phi30.0$mm的扩孔钻头进行扩孔加工。选用93°硬质合金内孔车刀粗车内孔，再选用95°硬质合金精车内孔车刀半精车、精车内孔至零件要求的加工尺寸，并达到相应的表面粗糙度规定要求。数控加工时的编程原点可以选在工件右端面与轴心线的交点处，这样可以减小编程误差，同时减少尺寸换算。

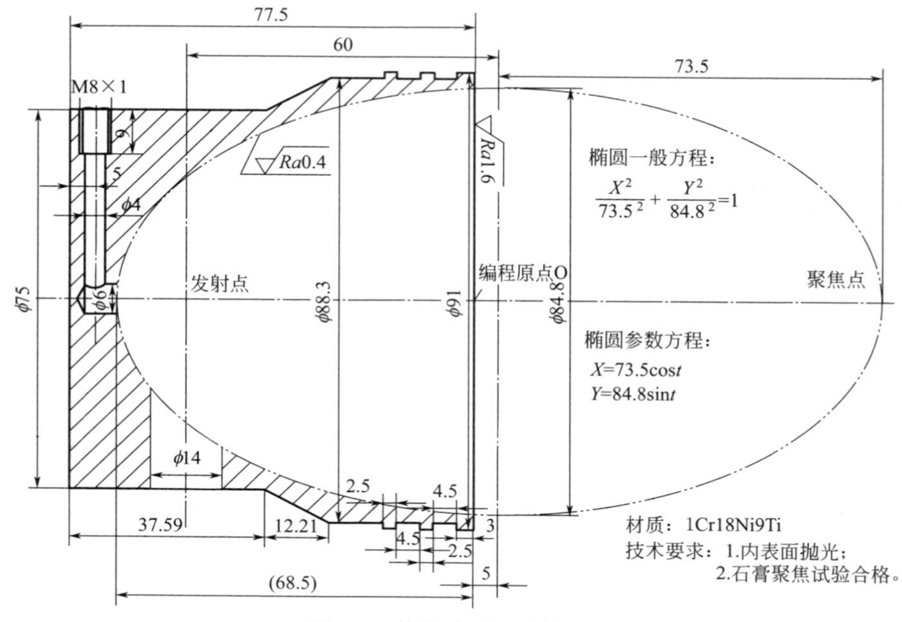

图 4-1　体外碎石机零件图形

4.1.3　医用体外碎石机零件加工参数设计

医用体外碎石机零件的设计参数如表 4-1 所示。

表 4-1　医用体外碎石机零件的参数设计

#1	X 向半径	#5	变量初值
#2	Z 向坐标值	#6	Z 向坐标值
#3	Z 向精车余量	#7	X 向坐标
#4	X 向直径值	#15	#26

4.1.4　医用体外碎石机零件加工参数程序

选用 FANUC 0i Mate T 数控系统，编写其参数宏程序如下：

```
O5001;
N100  G55G40G49G98G0Z200.X200.;(初始设置,刀具快速定位至 0,0,200)
N150  M03S1200;(主轴正转,转速 1200 r/min)
N200  T0101M08;
```

```
N250  G0X5.5Z3.0;
N300  #1=3.0;
N350  #2=5.0-[68.5*SQRT[1-[#1*#1]/[42.4*42.4]]];(Z 向坐标值)
N400  #3=#2+0.3;(Z 方向留 0.3mm 的精加工余量)
N450  #4=#1*2;(X 方向取直径值)
N500  G1X#4F120;(X 向直线插补)
N550  Z#3;(Z 向直线插补切削)
N600  U-2W1;(直线退刀)
N650  G0Z3.0;(快速定位至 Z3)
N700  #1=#1+0.3;(累加)
N750  IF[#5 LE 42.4]GOTO 350;(程序转移到 350 行)
N800  G0X200;
N850  Z200;
N900  T0202S2500;(换 T2 刀具,转速 2500r/min)
N950  G0X84.8;(刀具快速定位,准备精加工)
N1000  Z3.0;(快速定位至 Z3)
N1100  #5=42.4;(X 取半径值)
N1150  #6=5-[68.5*SQRT[1-[#5*#5]/[42.4*42.4]]];(Z 向取值)
N1200  #7=#5*2.0;
N1250  G1 X#7 Z#6F120.0;
N1300  #5=#5-0.3;
N1350  IF[#5GE6]GOTO 1150;(程序转移到 1150 行)
N1400  G0Z200;
N1450  X200;(快速定位至 X200)
N1500  M05;
N1550  M30;(程序加工结束,并返回起始)
%
```

4.2 数控宏程序在技能竞赛中的应用

4.2.1 职业技能大赛数车竞赛双曲线回转曲面公式

双曲线标准方程公式为 $X^2/a^2-Y^2/b^2=1$，($a>0$，$b>0$)，参数方程公式为 $X=a\sec\theta=a/\cos\theta$，$Y=b\tan\theta$（$\theta$ 为参数角，定义范围 $\theta\in$ [0,

2π] ），该双曲线的焦点和极坐标方程如图 4-2 所示。

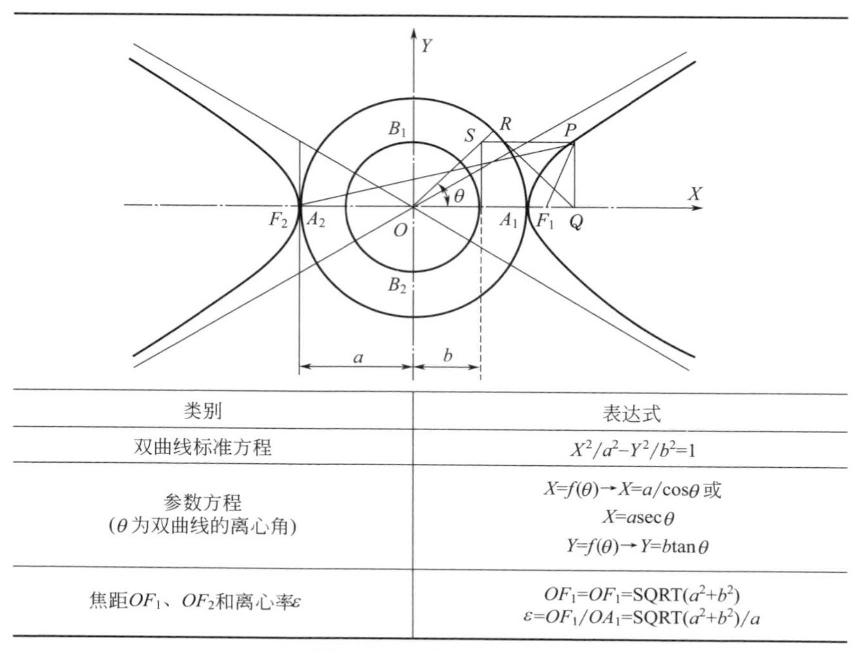

类别	表达式
双曲线标准方程	$X^2/a^2-Y^2/b^2=1$
参数方程 （θ 为双曲线的离心角）	$X=f(\theta)\rightarrow X=a/\cos\theta$ 或 $X=a\sec\theta$ $Y=f(\theta)\rightarrow Y=b\tan\theta$
焦距OF_1、OF_2和离心率ε	$OF_1=OF_1=\text{SQRT}(a^2+b^2)$ $\varepsilon=OF_1/OA_1=\text{SQRT}(a^2+b^2)/a$

图 4-2　双曲线及公式

4.2.2　三点试圆法等误差逼近双曲线回转曲面算法

非圆曲线常用等间距直线插补逼近算法、等角度插补逼近算法等，但都加工误差较大。为了减小加工误差，选用三点圆加工法等误差逼近算法。该算法的基本思路是，将双曲线轮廓用逼近的双曲线离散成多段直线，根据离散直线，按三个点依次绘制试圆的方法，逐个计算圆的逼近误差值。当某个圆的逼近误差超过其允许误差的时候，选用上一个圆作为第一个逼近的圆，从而进行下一次的计算，以此来决定第二个逼近圆。重复进行计算，直到计算出最后一个逼近圆的尺寸，至此，程序加工结束。

其算法如图 4-3 所示。

4.2.3　单圆弧等误差逼近双曲线回转曲面误差分析

在向上开口的双曲线中自右向左选取两点 E、G，然后在 X 方向采用等分的方法选取一点记为 F，由这三个点决定一个试圆，并以 O 点为编程圆心，其半径值为 R，制作试圆，相交于双曲线上的 E、F 点，并且连接 E、F 点，通过圆心 O 作一条垂直线，得到坐标点 7 和坐标点 6，两点之间的距离为此双曲线的最大误差值，双曲线误差分析如图 4-4 所示。

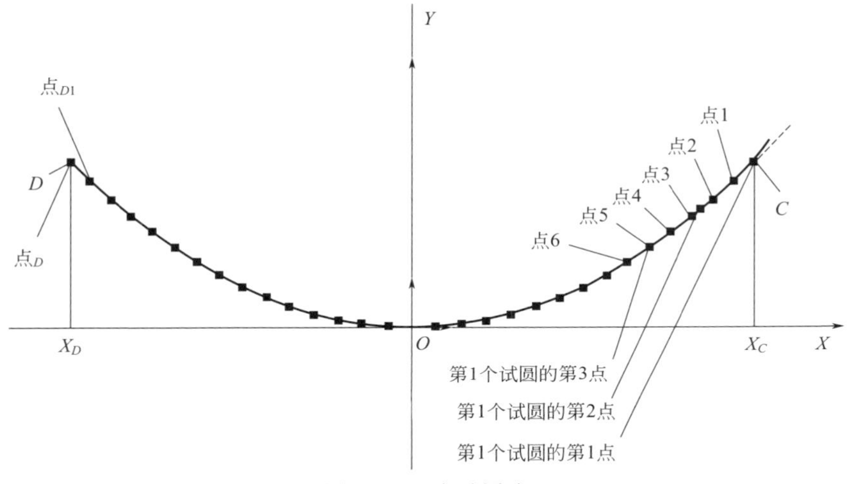

图 4-3　三点试圆法

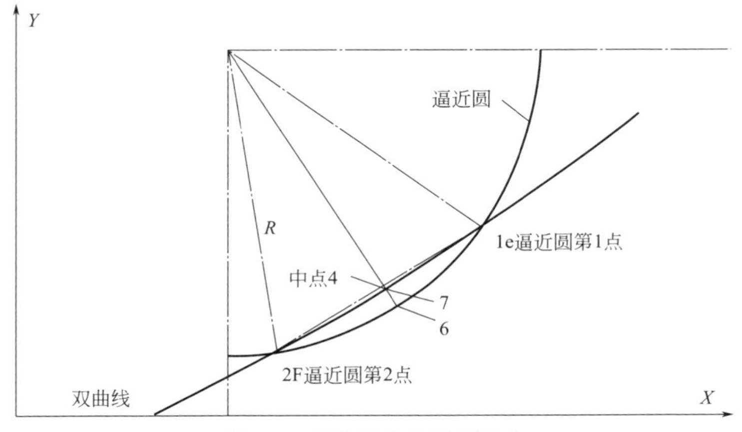

图 4-4　双曲线最大逼近误差

4.2.4　双曲线回转曲面参数宏程序分析

图 4-5 是全国职业院校数控技能竞赛数控车削加工零件图，要求完成其零件轮廓的加工，该零件加工难点为右边双曲线回转曲线轮廓，需要使用参

数宏程序进行编程。由双曲线剖面图形得知，双曲线基本公式为 $X=7.5\tan t$，$Y=9.0/\cos t$。双曲线坐标以 O 点为原点，将其放入数控车削坐标系中，其曲线方程变为 $X=7.5\tan t$，$Z=9/\cos t$。将该零件的编程原点和加工原点都设置在工件右端面与中心线的交点处，加工原点及双曲线移出图如图 4-6 所示。加工对刀时，选用编程原点作为起始点进行对刀，减少基准不重合误差。

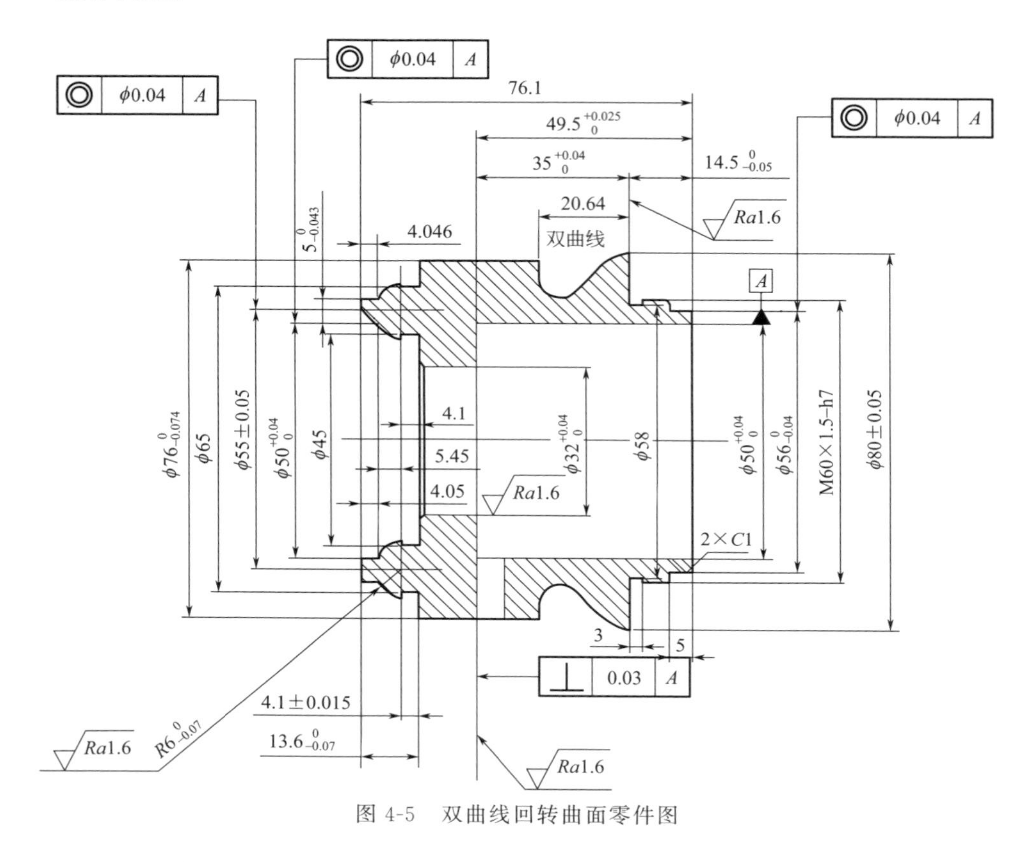

图 4-5 双曲线回转曲面零件图

4.2.5 双曲线回转曲面零件的机床及夹具选择

该零件为典型的回转体类曲面零件，选用 CK6140 数控车床，该机床的控制系统选用 FANUC 0i T 数控系统，选用三爪自定心卡盘进行装夹。安装刀具选用 35°整体硬质合金刀片，刀尖圆弧半径为 $R0.4\text{mm}$，安装时保证刀尖与工件中心等高，保证正常切削。

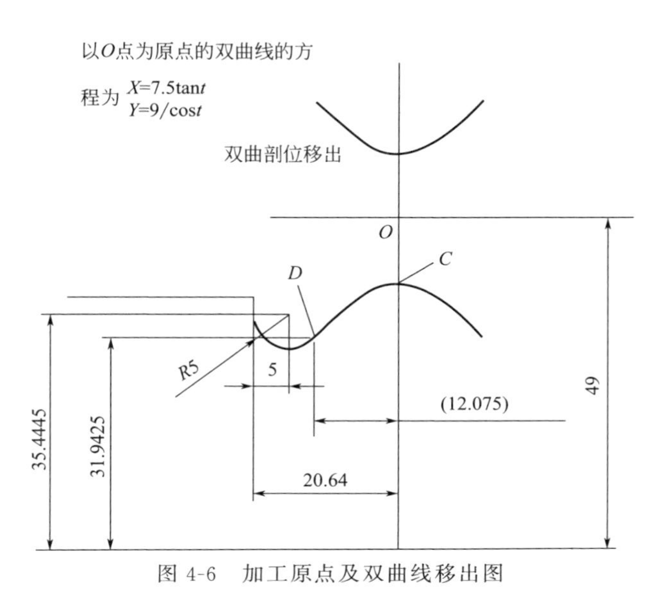

图 4-6　加工原点及双曲线移出图

4.2.6　双曲线回转曲面参数设计

双曲线回转曲面参数宏程序需要设计的参数较多，依据此零件的结构形状特点，设计 36 个参数变量，从而进行宏程序的编写，详细的变量定义见表 4-2。

表 4-2　双曲线设计参数

#1	双曲线的 a 值	#12	三点算法的第一个试圆中的第 1 点的 Z 坐标值 $Z1$	#23	右中点 5 的 Z 向坐标值 $Z2$
#2	双曲线的 b 值	#13	三点算法的第一个试圆中的第 1 点的 X 坐标值 $X1$	#24	右中点 5 的 X 向坐标值 $X2$
#3	起始点 C 的 Z 坐标值	#14	逼近圆的第二点参数值	#25	中垂线的斜率 K_5
#4	终止点 D 的 Z 坐标值	#15	三点算法的第一个试圆中的第 2 点的 Z 坐标值 $Z2$	#26	圆心的 Z 向坐标值 $Z0$
#5	逼近圆的个数	#16	三点算法的第一个试圆中的第 2 点的 X 坐标值 $X2$	#27	圆心的 Z 向坐标值 $Z0$
#6	纵向坐标平移值	#17	逼近圆的第三点参数值	#28	半径值 R

续表

#7	横向坐标平移值	#18	三点算法的第一个试圆中的第3点的Z坐标值Z3	#101	计算坐标平移和旋转后的Z3值
#8	坐标旋转角度值	#19	三点算法的第一个试圆中的第3点的X坐标值X3	#102	计算坐标平移和旋转后的X3值
#9	保存起点C的参数值	#20	计算C点的参数值	#808	存储C点计算Z坐标值
#10	参数角步距	#21	计算C点的X_C值	#809	存储C点的计算X坐标值
#11	逼近圆的第一点参数值	#22	逼近圆序号初始值	#811～#826	存储C点到D点的四段逼近圆弧的计算数据

4.2.7 双曲线回转曲面参数宏程序

根据双曲线的设计变量参数，编写出该零件的数控车削精加工的参数源程序。在数控编程的过程中，设计自变量#808和#809用来存储C点的X、Z坐标值，变量#811～#826用来存储从C点到D点四段圆弧的计算数据。从右向左精车CD段、R5程序编写如下（执行第207行程序后数控车刀切削加工至C点，程序运行第209～215行时，程序自动调取在O5012程序运行结束时保存在公共变量中的计算数据，从而完成整个零件的加工）。

```
O5002;
N200  G54G00G99G40G49X200Z200;(设置 G54 坐标系,定位至 X200Z200)
N201  T0202 S1200 M3M08; (T02 刀具,主轴 1200r/min)
N203  G0  X90.0 Z-12.5;(快速定位)
N205  G42 G00 X80.0;(右刀补)
N207  G1   X[2*#809] Z#808      F0.20;(直线插补)
N209  G3   X[2*#813] Z#812      R#814;(逆时针圆弧插补)
N211  G3   X[2*#817] Z#816      R#818; (逆时针圆弧插补)
N213  G3   X[2*#821] Z#820      R#822; (逆时针圆弧插补)
N215  G3   X[2*#825] Z#824      R#826; (逆时针圆弧插补)
N217  G2   X70.889   Z-34.14  R5.0; (顺时针圆弧插补)
N219  G1   X80.0;
N221  G0U20 W20 G40;
N223  G0 X200. Z200. ;(快速退刀)
```

```
N224  M05;
N225  M09;(关冷却液)
N227  M30;(程序结束)
%
O5012;
N301  #1=7.5;(赋初值)
N302  #2=9.0;(赋初值)
N303  #3=0.0;(赋初值)
N304  #4=-12.075;(赋初值)
N305  #5=4.0;
N306  #6=-14.5;
N307  #7=49.0;
N308  #8=0.0;
N311  #9=ATAN[#3]/[#1]-360;
N312  #30=-#2/COS[#9];
N313  #31=ATAN[#4]/[#1]-360;
N315  #10=[#31-[#9+360]]/#5/2;
N316  #11=#9.0;
N317  #12=#1*TAN[#11];
N318  #13=-#2/COS[#11];
N319  #14=#11+#10;
N320  #15=#1*TAN[#14];
N321  #16=-#2/COS[#14];
N322  #17=#14+#10;
N323  #18=#1*TAN[#17];
N324  #19=-#2/COS[#17];
N325  #20=[#12+#15]/2.0;
N326  #21=[#13+#16]/2.0;
N327  #22=[#12-#15]/[#16-#13];
N328  #23=[#15+#18]/2.0;
N329  #24=[#16+#19]/2.0;
N330  #25=[#15-#18]/[#19-#16];
N331  #26=[#24-#21+#22*#20-#25*#23]/[#22-#25];
N332  #27=#22*#26+#21-#22*#20;
N333  #28=SQRT[[#12-#26]*[#12-#26]+[#13-#27]*[#13-#27]];
N334  #101=#6+#18*COS[#8]-#19*SIN[#8];
N335  #102=#7+#18*SIN[#8]+#19*COS[#8];
```

```
N336  #[811+4*#32-4]=#32;
N337  #[811+4*#32-3]=ROUND[#101*1000]/1000.0;
N338  #[811+4*#32-2]=ROUND[#102*10000]/10000.0;
N339  #[811+4*#32-1]=ROUND[#28*1000]/1000.0;
N340  #32=#32+1;(变量累加)
N341  #11=#17;(赋给#11)
N342  IF[#32LE#5]GOTO 317;(转移到 317 行)
N343  #808=ROUND[[#6+#3*COS[#8]-#30*SIN[#8]]*1000]/
      1000.0;(存储 C 点坐标值)
N344  #809=ROUND[[#7+#3*SIN[#8]+#30*COS[#8]]*10000]/
      10000.0;(存储 C 点坐标值)
N345  M30;(程序结束,返回程序起始)
```

4.3 烟灰缸数控加工的宏程序编程应用

4.3.1 烟灰缸零件分析

数控铣削加工如图 4-7 所示的烟灰缸零件。烟灰缸主要结构是由多个内、外曲面组成的四棱锥台和内、外圆弧曲面过渡，四棱锥台四周的斜平面之间采用半径为 R15mm 的等圆弧过渡，上平面与内外垂直平面之间采用半径为 R5mm 的圆弧过渡，上平面与内外四边形圆角采用从外向内的变半径 R5～15mm 的圆弧过渡，内型腔为 100mm×100mm、深度 35mm 的凹槽，四角圆弧半径为 R5mm，在烟灰缸的顶面上四条边的中心各有一个 R6mm 烟槽。

4.3.2 烟灰缸数控铣削工艺

在数控铣床上将毛坯铣削成 152mm×152mm×52mm 的正六面体，第一次装夹，铣 3mm 的夹持面，以 3mm 的夹持面为装夹粗、精基准，在数控铣床上粗、精铣顶平面→数控铣床上加工轮廓 150mm×150mm×48mm→粗加工整个内型腔→粗加工上半部 120mm×120mm×15mm→四周圆角为 R15mm 的矩形外轮廓，去除大部分加工余量→粗加工下半部分的四棱锥

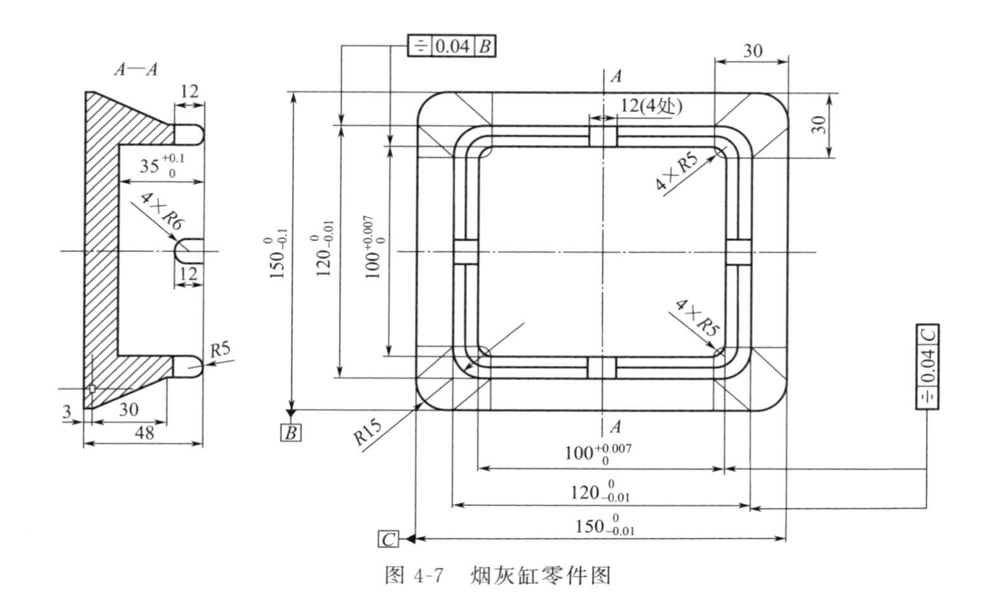

图 4-7 烟灰缸零件图

台→精加工上半部矩形轮廓→精加工四棱锥台→精加工内型腔底面和型腔侧面→粗、精加工上表面与内外垂直面的过渡圆弧曲面→粗、精加工四条 12mm×12mm、底部 R6mm 的凹槽。第二次装夹，铣削 3mm 的夹持面，清理毛刺。

为减少换刀次数，尽量同一尺寸安排一把刀具进行加工，刀具选用如表 4-3 所示。

表 4-3 烟灰缸刀具卡片

<table>
<tr><td colspan="2">产品代号</td><td colspan="2">001</td><td>零件名称</td><td>烟灰缸</td><td>零件图号</td><td>01</td></tr>
<tr><td>序号</td><td>刀具号</td><td colspan="2">刀具规格名称</td><td>数量</td><td>加工部位</td><td>刀柄</td><td>备注</td></tr>
<tr><td>1</td><td>T01</td><td colspan="2">ϕ120mm 硬质合金面铣刀</td><td>1</td><td>粗、精铣顶面和底平面端</td><td rowspan="4">BT40</td><td rowspan="4">长度根据零件实际选用,刀补现场加工实测</td></tr>
<tr><td>2</td><td>T02</td><td colspan="2">ϕ16mm 硬质合金键槽铣刀</td><td>1</td><td>粗、精铣内、外轮廓</td></tr>
<tr><td>3</td><td>T03</td><td colspan="2">ϕ8mm 硬质合金立铣刀</td><td>1</td><td>粗、精铣内、外倒圆</td></tr>
<tr><td>4</td><td>T04</td><td colspan="2">ϕ8mm 硬质合金球头铣刀</td><td>1</td><td>粗、精铣凹槽</td></tr>
<tr><td>编制</td><td></td><td>审核</td><td></td><td>批准</td><td></td><td>共 1 页</td><td>第 1 页</td></tr>
</table>

4.3.3 烟灰缸曲面加工工序设计

烟灰缸零件加工按工序集中程度进行划分，主要考虑基准统一、基准重合原则，详细的烟灰缸零件工序设计如表 4-4 所示。

表 4-4 烟灰缸零件工序卡

单位	实训车间			产品名称代号	零件名称	图样代号
				01	烟灰缸零件	01
工序简图 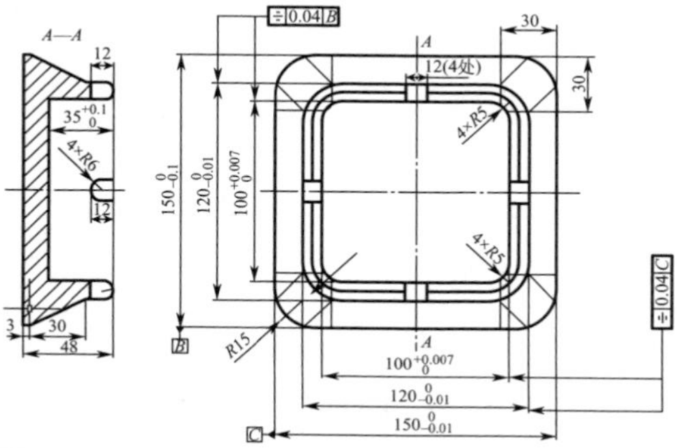				使用设备	加工中心 KVC650	
				材料	45 钢	
				工序内容	铣上平面、铣外轮廓、铣内外型腔及倒圆	
				程序编号	O4010～O4017	
				夹具名称	平口虎钳	
				夹具编号	0002	
工步	工步内容	刀具	量具	进给量 /(mm/min)	主轴转速 /(r/min)	背吃刀量 /mm
10	铣 3mm 夹持面	T02	游标卡尺	150	1500	2
20	粗、精铣顶平面	T01	游标卡尺	150/120	3000/4500	2/0.5
30	粗、精铣轮廓 150mm×150mm×48mm	T02	游标卡尺	150/120	3000/4500	1.5/0.5
40	粗、精铣倒圆 $R5$～15	T03	游标卡尺	150/120	3000/4500	1.5/0.5
50	粗、精铣内型腔	T02	游标卡尺	150/120	3000/4500	1.5/0.5
60	粗、精铣顶部凸台	T04	游标卡尺	150/120	3000/4500	1/0.5
70	粗、精铣顶部凹槽 $R6$mm	T04	游标卡尺	150/120	3000/4500	1/0.5
编制		审核		批准	年 月 日	共 页 第 页

4.3.4 烟灰缸曲面参数宏程序

根据烟灰缸零件的工序划分及刀具安排，设计并编写其程序如下。

① 粗铣 100mm×100mm×35mm 矩形凹槽。矩形凹槽宏程序如下：

```
O0415;(粗铣 100mm×100mm×35mm 矩形槽)
N10  ＃20＝100.0(烟灰缸凹槽长度和宽度)
N20  ＃2＝2.0;(Z 轴递增量)
N30  ＃4＝0.8;(有效刀具直径百分比＃4≤1)
N40  ＃3＝8;(刀具半径)
N50  ＃10＝0.5;(精加工余量)
N60  ＃28＝－0.5;(背吃刀量)
N70  ＃30＝2*＃4*＃3;(刀具中心在 X、Y 轴方向上的移动量)
N80  ＃31＝＃30; (把＃30 赋给中间变量＃31)
N90  ＃32－＃20/2－＃3－＃10;(凹槽内 X、Y 正方向移动量)
N100  T02 M06; (调用 3 号刀具)
N110  G17 G90 G21 G94 G54;(程序初始工艺状态设置)
N120  G43 G00 H01 Z10 M08;(建立刀具长度补偿,打开切削液)
N130  G00X0.0Y0.0;
N140  S3000 M03;(主轴正转,转速为 3000r/min)
N150  G01 Z0.5 F1000;(刀具快速下降到零件安全高度)
N160  WHILE[＃28GE－34.5]DO;(如果＃28 小于－34.5,则程序跳转到 N135 程序段)
N170  G01 Z[＃28]F600;(刀具在 Z 方向逐层下降)
N180  WHILE[＃31LE＃32] DO2; (如果＃31 大于＃32,则程序跳转到 N135 程序段)
N190  G01 X[＃31]F150;(刀具直线插补到凹槽右侧)
N200  Y[＃31];(刀具直线插补到凹槽右上方)
N210  X[－＃31];(刀具直线插补到凹槽左上方)
N220  Y[－＃31];(刀具直线插补到凹槽左下方)
N230  X[＃31]F150;(刀具直线插补到凹槽右下方)
N240  Y0;(直线插补 X 轴上)
N250  ＃31＝＃31＋＃30;(刀具 X、Y 轴向移动量叠加)
N260  G01 X[＃32];(刀具直线插补到凹槽右侧)
N270  Y[＃32];(刀具直线插补到凹槽上方)
N280  X[－＃32];(刀具直线插补到凹槽左侧)
N290  Y[－＃32];(刀具直线插补到凹槽下方)
N300  X[＃32];(刀具直线插补到凹槽右侧)
```

```
N310  Y0;(刀具直线插补到 X 轴上)
N320  X0;(刀具直线插补到凹槽中心)
N330  #28—#28—#2;(Z 向深度叠加)
N340  END1;(返回循环体)
N350  G00 Z100 M09;(关闭切削液,刀具快速提刀至 100mm 处)
N360  X—90 Y0;(返回起刀点 Y0)
N370  M05;(主轴停止)
N380  G49;(刀具长度补偿取消)
N390  M30;(程序结束并返回程序起始处)
%
```

② 精铣 100mm×100mm×35mm 矩形凹槽。矩形凹槽精铣宏程序如下：

```
O0418;(精铣 100mm×100mm×35mm 矩形凹槽宏程序)
N010  #4=0.8;(有效刀具直径百分比,#4≤1)
#3=4;(刀具半径)
#10=0.5;(精加工余量)
#30=2*#4*#3;(刀具在 X、Y 轴上的轴向移动量)
#31=#30;(把#30 赋给中间变量#31)
#32=50—#3;(凹槽内 X、Y 轴上的正向最大轴向移动量)
N020  TO5 M06;(调用 5 号刀具,φ8mm 立铣刀)
N025  G17 G90 G21 G94 G54;(程序初始工艺状态设置)
N030  G43 G00 H05 Z10 M08;(建立刀具长度补偿,打开切削液)
N032  M03S1500;(移动刀具到工件左侧,主轴正转,转速为 1500r/min)
N035  G00 XO Y0;(刀具快速移动到凹槽中心上方)
N040  G01 Z—30 F1000;(刀具快速下降到零件安全高度)
N050  G01 Z—35 F600;(刀具在 Z 方向下降至零件凹槽最终深度处)
N055  WHILEJH31LE#32] DO1;(如果#31 大于#32,则程序跳转到 N090 程序段)
N060  G01 x [#31] F150;(刀具直线插补到凹槽右侧)
N065  Y [#31];(刀具直线插补到凹槽右上方)
N070  x[—#31];(刀具直线插补到凹槽左上方)
N075  Y [—#31];(刀具直线插补到凹槽左下方)
N078  X [431];(刀具直线插补到凹槽右下方)
N080  Y0;(直线插补 X 轴上)
N085  #31—#31+#30;(刀具 X、Y 轴移动量叠加)
N090  END1;(返回循环体)
N095  G41 G01 X45 Y—5 D10;(刀具左补偿,直线插补到凹槽右侧)
```

```
N100  G03 X50 YO R5;(刀具圆弧插补,圆弧切入到凹槽的精加工余量处)
N102  Y50 R5;(刀具直线插补到凹槽右上侧留一个精加工余量处)
N105  X－50 R5;(刀具直线插补到凹槽左上侧留一个精加工余量处)
N110  Y－50 R5;(刀具直线插补到凹槽左下侧留一个精加工余量处)
N115  X50R5;(刀具直线插补到凹槽右下侧留一个精加工余量处)
N120  Y0;(刀具直线插补到 X 轴上)
N125  G03 X45 Y5 R5;(刀具圆弧插补,圆弧切出凹槽)
N130  G40 G01 XO Y0;(取消刀具左补偿,直线插补返回凹槽中心)
N140  G00Z100 M09;(刀具快速退离零件)
N145  G49 X－90 Y0 M05;(取消刀具长度补偿,返回起刀点,主轴停止)
N150  M30;(程序结束并返回程序开头)
%
```

③ 四棱锥台粗、精加工程序。程序如下：

```
O0417;(四棱锥台程序)
N010  T02 M06;(调用 2 号刀具)
N020  G90 G21G17 G94 G54Z100.0;(程序初始状态)
N030  G43 G00 H01 Z10 M08;(建立刀具长度补偿,打开切削液)
N040  M03 S3000G00 X－100.0 Y0.0;(移动刀具到工件左侧,主轴正转,速度
                                   为 3000r/min)
N050  ＃25＝－45.0;(烟灰缸矩形最终加工深度尺寸值)
N060  ＃4＝0.5;(斜面斜率)
N070  ＃16＝0.2;(每次提高量)
N080  ＃18＝0.15;(X 和 Y 方向每次单边缩小量)
N090  ＃50＝75;(刀具切入初始点的坐标值)
N100  Z2.0;(刀具快速下降到工件上方安全距离)
N110  WHILE [＃25LE－15] DO1;(程序跳转到 N120 程序段)
N120  G01Z[＃25]F150;(刀具以工进速度下降到最终加工深度)
N130  G90 G42 G01 X [＃50－20]Y20F150D06;(直线插补到切入圆起点)
N140  X[＃50] R15;(直线插补,倒 R15mm 圆角)
N150  y[＃50] R15;(直线插补,倒 R15mm 圆角)
N160  X[－＃50] R15;(直线插补,倒 R15mm 圆角)
N170  Y0;(直线插补到切入圆终点)
N180  G02 X[＃50－20]Y20 R20F150;(以 R20mm 的圆弧切出)
N190  G40 G01 Y0;(取消刀具半径补偿,退回起刀点 Y0)
N200  ＃25＝＃25＋＃16;(高度值增加)
N210  ＃50＝＃50－＃18;(长度和宽度递减)
```

```
N220  END1;(返回循环体)
N230  G00 Z100.0 M09;(刀具快速提刀至 100.0,关闭切削液)
N240  G49 M05;(取消刀具长度正补偿,主轴停止)
N250  M30;
%
```

④ *R*5mm 圆弧曲面粗、精加工。程序如下：

```
O0419;(R5mm 圆弧面加工宏程序)
N10  T04 M06;(调用 4 号刀具,R4mm 球头铣刀)
N20  G17 G90 G21 G94 G54;(程序初始状态)
N30  G43G00H06Z10M08;
N40  G00X100Y0M03S3000;
N50  ＃8＝4;
N60  ＃9＝5;
N70  ＃1＝0;
N80  ＃2＝20;
N90  ＃4＝5;
N100  ＃17＝15;
N110  ＃28＝45;(轮廓单边定长)
N120  ＃29＝55;(顶部曲面定点与凹槽中心的距离)
N130  WHILE [＃1LE90] DO1;(如果＃1 大于 90,则跳转到 N110 程序段)
N140  ＃30＝[＃8＋＃9] *  [SIN[＃1 * PI/180]－1];(球头刀心的 Z 坐标)
N150  ＃31＝＃29＋[＃8＋＃9] * COS[＃1 * PI/180];(任意点刀心离开凹槽中心
                                                   的距离)
N160  ＃32＝＃17－＃9[1－COS [＃1 * PI/180] ];(切削矩形轮廓的四周圆角边
                                                   半径值)
N170  G90 GO 1 Z[＃30]F150;(在绝对坐标方式下,刀具在工件右侧下降到＃30 处)
N180  G91 G02 X[－＃2]Y[＃2]R[＃2] F150;(在增量坐标方式下,以 1/4 圆弧切入)
N190  G01 Y[＃28];(在 Y 向直线插补)
N200  G03 x [－＃32] Y [＃32] R [＃32];
N210  G01 X [－2 * ＃28] ;(在 X 向直线定长插补)
N220  G03x[＃32] Y[－＃32]R[＃32];
N230  G01 Y [－2 * ＃28] ;(Y 向直线定长插补 )
N240  G03 X [＃32] Y [－＃32] R[＃32];
N250  G01 X [2 * ＃28] ;(在 X 向直线定长插补)
N260  G03 X [＃32] Y [－＃32] R[＃32]; (变半径圆弧插补)
N270  G01 Y [＃28]; (在 Y 向直线定长插补)
```

```
N280  G02 X[#2]Y[#2]R[#2]; (以 1 /4R 的顺圆弧斜切出)
N290  G01 Y[-#2]; (直线插补,退回起刀点)
N300  #1=#1+#5; (自变量角度值均值叠加)
N310  END1; (返回循环体)
N320  G90 G01 X0 Y0; (刀具移动凹槽中心)
N330  WHILE[#1LE180] D02;(如果#1 大于 180,则跳转到 N205 程序段)
N340  #30=[#8+#9]*[SIN[#1 *PI/180]-1];(球头刀心的 Z 坐标)
N350  #31=#29+[#8+#9]*COS[#1 *PI/180]; (任意刀心点离开凹槽中
                                          心的距离)
N360  #32=#17-#9[1-COS [#1*PI/180]]; (切削矩形轮廓的四周圆角变
                                          半径值)
N370  G90G01Z[#30]F150; (在绝对坐标方式下,刀具在工件右侧下降到#30 处)
N380  G01 X [#31-#2} Y[-#2]; (刀具直线插补到切入圆起点)
N390  G91 G03 X[#2]Y[#2]R[#2]F300; (在增量坐标方式下,以 1/4 的逆圆弧
                                          切入)
N400  G01 Y [#28]; (在 Y 向直线定长插补)
N410  G03 X[#-32]Y[#32]R[#32]; (变半径圆弧插补)
N420  G01 X[-2*#28]; (在-X 向直线定长插补)
N430  G03 X[[#32] Y[[#32} R [#32};(变半径圆弧插补)
N440  GO1 Y[-2 *#28]; (在 X 向直线定长插补)
N450  G03 X[#32]Y[-#32]R[#32]; (变半径圆弧插补)
N460  GO1 X[2* #28]; (在 X 向直线定长插补)
N470  G03 X[#32]Y[#32]R[#32]; (变半径圆弧插补)
N480  G01 Y[#28]; (在 Y 向直线定长插补)
N490  G03 X[-#2]Y[#2]R[#2]; (以 1/4 的逆圆弧切出)
N500  GO1 X[-#2]; (直线插补,退回起刀点)
N510  #1=#1+#5; (自变量角度值均值叠加)
N520  END2; (返回循环体)
N530  G90 G00 Z 100 M09;(刀具快速抬起离开工件,切削液关闭)
N540  X100 G49 M05;(退回零件右侧,取消刀具长度补偿,主轴停止)
N550  M30; (程序结束并返回程序开头)
%
```

⑤ 粗铣加工 12mm×12mm×R6mm 凹槽。程序如下：

```
O4110;( 粗铣加工 12mm×12mm×R6mm 凹槽程序)
N010  T04 M06; (调用 4 号刀具)
N020  G17 G90 G21 G94 G54; (程序初始设置)
```

```
N030  G43 G0 H07 250;(建立刀具长度补偿,打开切削液)
N040  M03 S3000G00 X0.0 Y0.0;(刀其快速移动到四槽中心。主轴正转，转速为
                              3000r/min)
N050  Z5 M08;(刀具下降到工件安全高度,打开切削液)
N060  M98 P4111;(调用粗加工凹槽子程序)
N070  G68 XO YO P90;(坐标轴旋转 90°)
N080  M98 P4111;(调用粗加工凹槽子程序)
N090  G68 XO YO P180;(坐标轴旋转 180°)
N100  M98 P4111;(调用粗加工凹槽子程序)
N110  G68 XO YO P270;(坐标轴旋转 270°)
N120  M98 P4111;(调用粗加工凹槽子程序)
N130  G00 Z 100 M09;(刀具快速抬起,切削液关闭)
N140  G69 G49;(取消旋转和刀具长度补偿)
N150  X100 YO M05;(退回到工件右侧,主轴停止)
N160  M30;(程序结束并返回程序开头)
%
O4111;(粗加工凹槽子程序)
N10  01=－3;( 背吃刀量)
N20  WHILE[#1GE－6] DO1;(如果小于－6,则程序跳转到 N5 程序段)
N30  G01 Z#11F300;(刀具下降)
N40  G41 G01 X40 Y6 F450 D07;(刀具左补偿,直线插补到凹槽附近)
N50  X65 F200;(X 向直线插补)
N60  Y6 F150;(Y 向直线插补)
N70  X45;(X 向直线插补)
N80  G40 Y0;(取消刀具半径补偿)
N50  #01=#1－3;(背吃刀量叠加)
N90  END1;(退出循环体)
N100  G01 Z－10;(刀具下降到零件表面下 10mm 处)
N110  X65 F120;(直线插补)
N120  X0 F1000;(回到凹槽中心)
N130  M99;
%
```

⑥ 精铣加工 12mm×12mm×R6mm 凹槽。程序如下：

```
O4121;(精铣加工 12mm×12mm×R6mm 凹槽程序 )
N010  T04 M00;(调用 04 号刀具,R5mm 球头铣刀)
N020  G17 G90 G21 G94 G54;(程序初始工艺状态设置)
```

```
N030  G43 G00 H11 Z50; (建立刀具长度补偿)
N040  G00 X0 Y0 S1200 M03; (刀具快速移动到凹槽中心,主轴正转,转速为
                                  12000r/min)
N050  Z5 M08; (刀具下降到工件安全高度)
N060  M98 P4122; (调用精加工凹槽子程序)
N070  G68 X0 Y0P90; (坐标轴旋转 90°)
N080  M98 P4122; (调用精加工凹槽子程序)
N090  G68 X0 Y0P180; (坐标轴旋转 180°)
N100  M98 P4122 ; (调用精加工凹槽子程序)
N110  G68 X0 Y0 P270; (坐标轴旋转 270°)
N120  M9S P4122; (调用精加工凹槽子程序 )
N130  O00 Z100 M09; (刀具快速抬起,切前液关闭)
N140  G69 G49; (取消旋转和刀具长度补偿)
N150  X100 YO M05; (退回到工件右侧,主轴停止)
N160  M30; (程序结束并返回程序头)
%
O4122; (精加工凹槽子程序)
N010  #2=0; (自变量宽度初始值)
N020  #3=0.5; (自变量宽度递增均值 )
N030  #8=4; (球头铣刀半径)
N040  #9=6; (需铣削圆弧半径)
N050  G01 Z-10 F150; (刀具下降到背吃刀量)
N060  WHILE[#2LE[#9-#8]]D01; (如果 42 小于 [#9-#8],则程序跳转到
                                        N070 程序段,进入凹槽粗加工循环)
N070  G01 X40Y [-#2] F150; (刀具左补偿,直线插补到凹槽附近)
N080  X65 F150; (X 向直线插补)
N090  Y[#2] F150; (Y 向直线插补)
N100  X45; (X 向直线插补)
N110  G40 Y0; (取消刀具半径补偿)
N120  #2=#2+#3; (切削宽度叠加)
N130  END 1; (返回循环体)
N140  #1=0; (自变量角度初始值)
N150  #4=5; ( 自变量角度递增均值)
N160  WHILEL[#1LE90] D02; (如果#1 小于等于 90,则程序跳转到 N105 程序段,
                                   进入凹槽精加工循环)
N170  #10=[#9-#8]*SIN[#1]*PI/180]; (Z 向坐标变化值)
N180  #11=[#9-#8]*COS[#1 *PI/180]; (Y 向坐标变化值)
```

```
N190  G01Z[－10－＃10] F150;(刀具下降到背吃刀量)
N200  G01 X40 Y [－＃11]F450;(直线插补到凹槽附近)
N210  X65 F200;(X 向直线插补)
N220  Y[＃11]F150;(Y 向直线插补)
N230  X45;(X 向直线插补)
N240  YO;(刀具退回凹槽中心 Y0)
N250  ＃1＝＃1＋＃4;(自变量角度初始值叠加)
N260  END2;(结束循环体)
N270  G00 X0 Z0;(返回凹槽中心)
N280  M99;(子程序结束)
%
```

第5章

数控宏程序编程的智能化应用

5.1 数控宏程序在批量车削加工中校刀应用

5.1.1 批量车削加工中校刀原理

在数控车削加工中，由于对刀不准确或对刀错误，在加工中容易发生撞刀安全事故。为保证加工安全，在加工前，应进行刀具校验，从而保证零件加工的安全。如图5-1(a)所示的四方刀架，可以同时安装四把数控车削刀具；如图5-1(b)所示的回转刀架，主要使用于斜床身，可以同时安装多把数控刀具。

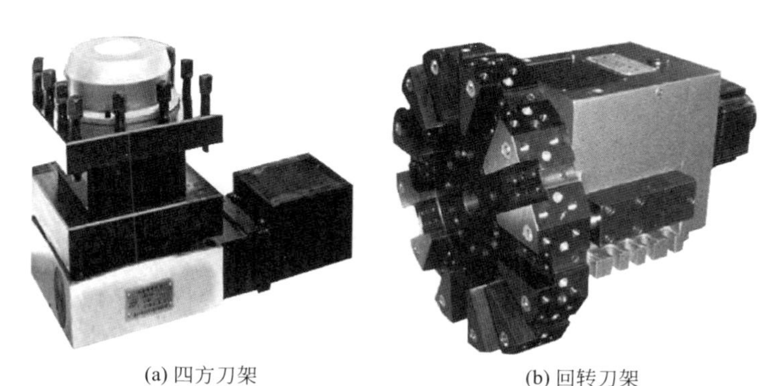

(a) 四方刀架　　(b) 回转刀架

图5-1　数控车削刀架图

5.1.2 校刀宏程序的变量及参数设计

批量车削加工中的刀具变量参数主要根据刀具数量进行设计（表 5-1）。首先需要获取工件直径值，可以用变量＃1 表示，其次，获取工件端面与刀尖的 Z 值，可以用变量＃1 表示，另外，还需要获取数控车削中的数控刀具数量，可以用＃4 表示。

表 5-1 批量车削加工中宏程序的变量及参数

＃1	工件直径	＃3	初始值变量初值
＃2	工件端面与刀尖的距离 Z	＃4	刀具数目

5.1.3 校刀宏程序

```
%
O1111;(校刀宏程序)
N01  G54G98G97G40G21G80;(选择坐标系,初始化设置)
N03  G00X100Z100;(刀具退至 X100Z100)
N05  T0101;(换 T01 号刀具)
N07  M3S800;(主轴正转,800r/min)
N09  ＃1＝工件直径;(获取工件直径)
N11  ＃2＝工件端面与刀尖的距离 Z;(获取工件端面与刀尖的距离)
N13  ＃3＝0101; (初始刀号赋值)
N15  ＃4＝XXXX;(刀具数目)
N17  WHILE [＃3LE＃4]DO 1;(四方刀架时,判断刀具是否小于等于 4)
N19  T＃3;(换对应的刀号)
N21  M3S800;(换刀后主轴正转)
N23  G1X＃1Z＃2F150;(移动对刀)
N25  M5;
N27  M00;
N29  G0X100Z100;
N31  ＃3＝＃3＋0101;(刀具累加)
N33  END 1;
N35  T0101;(换 T01 号刀具)
N37  M05;(主轴停止)
```

```
N39  M30;(程序结束返回开始)
%
```

5.2 数控宏程序在加工中心机床在线检测中的应用

5.2.1 数控机床在线检测系统构成

在线检测在数控加工中占据非常重要的地位。一批零件开始加工时，大量的检测工作需要完成，其中就包括夹具和零件的装夹、找正、工件编程原点的检测、首件零件的精度检测、工序间精度检测及加工完毕精度检测等测量项目。这些检测工作主要分为手工检测、离线检测和在线检测。实时检测也称在线检测，是在零件加工过程中实时对工件进行检测，并依据检测的结果做出相应的分析和处理，为后续加工做好准备。在线检测是一种基于计算机自动控制的检测技术，其检测过程由数控程序进行控制。数控机床在线检测系统分为两种：一种为直接调用基本宏程序，而不用计算机辅助；另一种为调用开发宏程序，借助于计算机辅助系统，生成加工检测程序，然后传输到数控系统中，检测系统结构如图 5-2 所示。

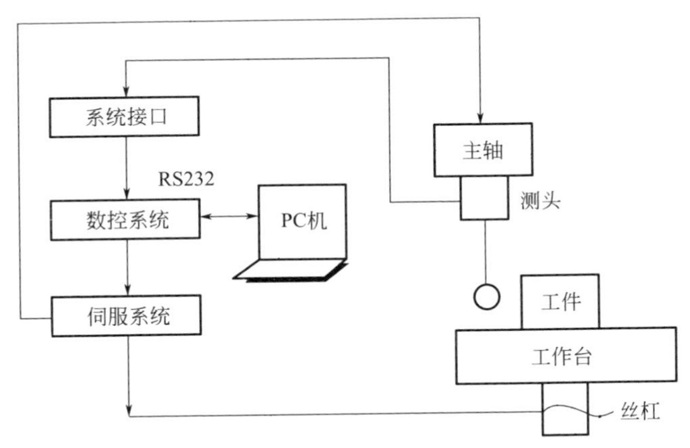

图 5-2　在线检测系统

数控机床在线检测系统由硬件和软件构成。其中，硬件部分由以下几部分组成：

（1）机床本体

数控机床本体是实现加工、在线检测的基础构件，其工作部件是实现所需基本运动的部件，数控机床传动部件精度直接影响着零件加工、检测的精度。

（2）数控系统

目前数控机床一般都采用 CNC 数控系统，其主要特点是通过程序输入、插补运算、数控加工等都由数控机床实现。计算机与其他装置之间可通过接口设备进行连接，当控制对象或功能改变时，只需改变软件和接口，CNC 系统一般由中央处理器和输入输出接口组成，中央处理器又由存储器、运算器、控制器和总线组成。

（3）伺服系统

伺服系统是数控机床的重要组成部分之一，以实现数控机床的进给位置伺服控制和主轴转速伺服控制。伺服系统的性能直接决定机床加工精度、测量精度、表面质量等。

（4）测量系统

测量系统由数据采集系统、触发式测头、信号传输系统组成，是数控机床在线检测系统的关键部分，直接影响着在线检测精度。其中，测量系统的关键部件为测头，使用测头可在加工过程中进行尺寸测量，根据测量结果自动修正加工程序，提高加工精度，使得数控机床既是数控加工设备，又具有测量机械的功能。测头按功能可分为刀具测头和工件检测测头；按信号传输方式可分为硬线连接式、光学式、无线电式和感应式；按接触形式可分为接触测量和非接触测量。常用的雷尼绍测头，是英国雷尼绍公司的产品，如图 5-3 所示，主要用于数控车床、数控铣床、数控加工中心、数控磨床、数控专用机床等。

图 5-3　英国雷尼绍测头

（5）计算机系统

在线检测系统利用计算机进行测量数据的采集和分析处理、检测数控程序的生成、检测过程的仿真及与数控机床通信等。在线检测系统运行目前流行的 Windows 和 CAD/CAM/CAPP/CAM 等软件，以及减少测量结果的分析和计算时间，一般采用高性能的计算机。

5.2.2 数控机床在线检测的工作原理

在实现数控机床的在线检测时，首先要在计算机辅助编程系统上自动生成检测主程序，将检测主程序由通信接口传输至数控机床，通过 G31 跳步指令信号，使测头按程序规定测量路径运动，当测头接触工件时发出触发信号，通过测头与数控系统的专用接口将触发信号传至转换器，并将触发信号转换后传给数控机床的控制系统，并记录该点的坐标值。信号被接收后，数控机床停止运动，测量点的坐标通过通信接口传回计算机，然后进行下一个点的测量。上位机通过监测 CNC 系统返回的测量值，可对系统测量结果进行计算误差补偿等数据处理工作。

测量典型几何形状时检测路径的步骤为：

① 确定被检测零件的几何形状特征及几何要素；

② 确定被检测零件的检测精度特征；

③ 根据测量的形状特征及几何要素、精度特征，确定需要的检测点数及分布；

④ 根据测点数及分布形式建立数学计算公式；

⑤ 确定被检测零件的工件坐标系；

⑥ 根据检测条件确定检测路径；

⑦ 编写数控检测宏程序；

⑧ 零件精度检测及误差分析。

5.2.3 数控机床在线检测的几何特征

在线检测技术几何特征的类型，主要有中心测量、外部直径、内部直径、长度、宽度、深度、角度等。

（1） 内外侧壁中心位置测量

内外侧壁中心位置测量主要测量圆柱体或者平面上的中心点，例如测量平面侧壁、孔、轴、杆、槽、边，甚至圆锥、锥形体等工件特征。中心位置测量是宏程序中最常见的基本测量操作。如图 5-4 所示，内外侧壁中心测量的计算公式如下所示。其中，C_1、C_2 为计算中心点位置，P_1、P_2 为两次测点值。

对图 5-4(a)，其中心 $C_1=ABS[P_1-P_2]/2$；

对图 5-4(b)，其中心 $C_2=ABS[P_3-P_4]/2$。

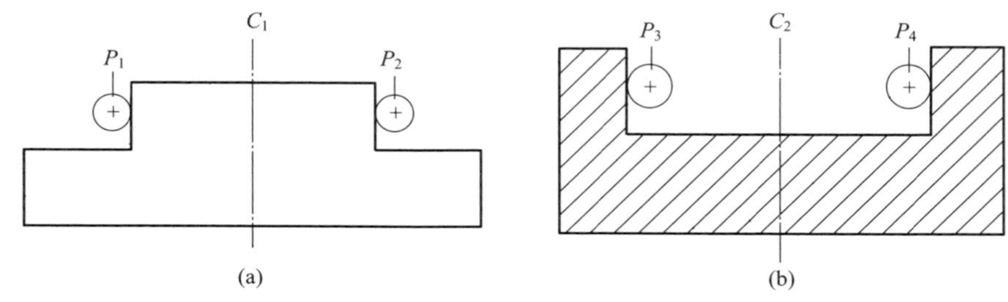

图 5-4 内外侧壁中心位置测量图

(2) 内外圆中心位置测量

内外圆中心位置测量主要测量圆的内或外直径最大点。如图 5-5 所示，内外圆中心测量的计算公式如下所示。其中，C_1、C_2 为计算中心点位置，P_1、P_2、P_3、P_4 为各测点值。

对图 5-5(a)，其中心 $C_1=ABS[P_1+P_2]/2, C_2=ABS[P_3+P_4]/2$；

对图 5-5(b)，其中心 $C_1=ABS[P_1+P_2]/2, C_2=ABS[P_3+P_4]/2$。

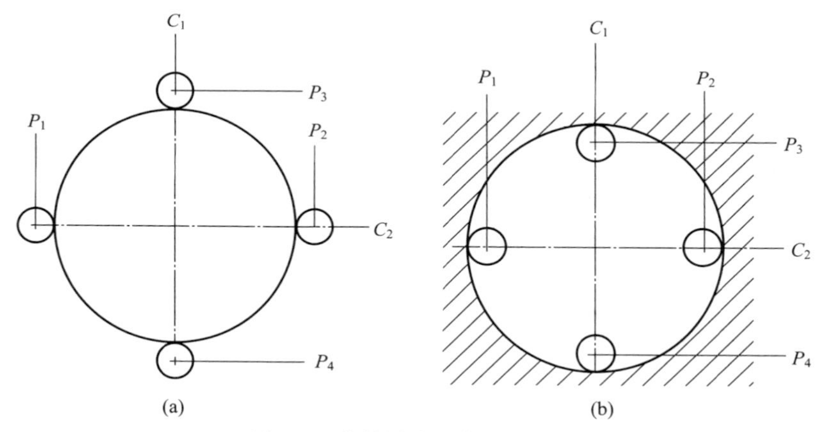

图 5-5 内外圆中心位置测量图

(3) 内外部宽度测量

测量两个特征之间外部或内部的长度或宽度。要计算探头直径，内、外宽度测量如图 5-6 所示。内外部宽度测量的计算公式如下所示。其中，W_1、W_2 为计算的宽度或长度值，P_1、P_2、P_3、P_4 为各测点值，B 为测头的直径。

对图 5-6(a)，其宽度 $W_1=ABS[P_1-P_2]-B$；

对图 5-6(b)，其宽度 $W_2=ABS[P_3-P_4]+B$。

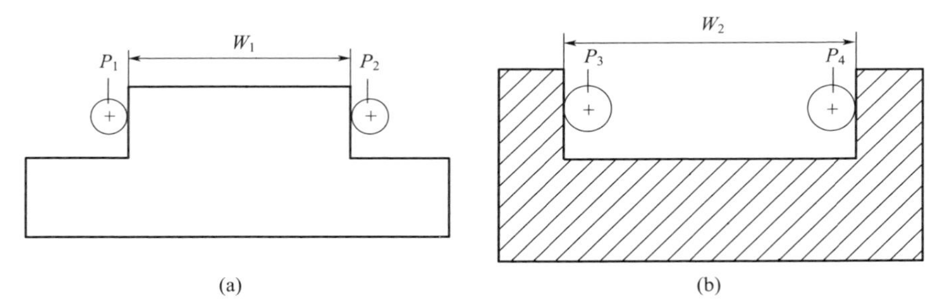

图 5-6　内外圆中心位置测量图

（4）深度测量

深度测量通常与深度值 Z 有关，但测量的方法也可用于沿 X 轴或 Y 轴的测量，深度测量是通过轴上两个测量位置相减得到。深度测量的数学原理如图 5-7 所示。深度测量的计算公式如下所示。其中，D_1、D_2 为计算深度值，P_1、P_2、P_3、P_4 为各测点值。

对图 5-7(a)，其宽度 D_1＝ABS［P_1-P_2］；

对图 5-7(b)，其宽度 D_2＝ABS［P_3-P_4］。

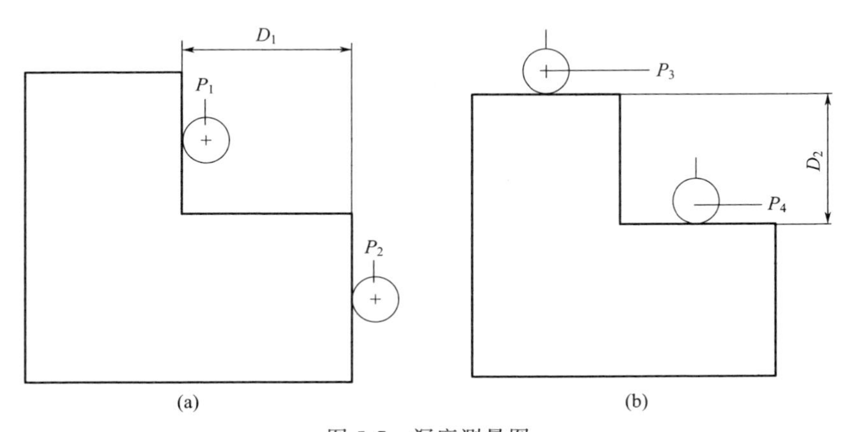

图 5-7　深度测量图

（5）外部直径测量

外部直径可以是型芯、螺纹、凸缘或任何外形为圆柱形的物体，包括校准装置。在测量外部直径时，直径上的测量点必须确定，每一个被测量的位置保存在寄存器当中，被测的外部直径就可以通过 CNC 宏程序中的公式按数学计算求得，并将其存入宏程序的变量中，供调用后使用，一般情况下，外部直径通常由直径上的三个点来确定。

（6） 内部直径测量

内部直径可以是任何圆孔，例如沉头孔、圆柱型腔或任何其他内部为圆形的物体，包括校准装置。在测量内部直径时，直径上的测量点必须确定，每一个被测量的位置保存在寄存器里，这样内部直径就可以通过 CNC 宏程序中的公式按数学计算求得，并将其存入宏程序的变量中，供调用后使用，内部直径通常也是由直径上的三个点来确定。

（7） 角度测量

角度测量有许多有用的用途，其中之一就是通过旋转角度来调整数控机床的坐标系统。首先，编写所有四条边都平行于坐标轴的矩形的数控程序，然后再编写在加工区域内成一定角度的相同矩形的程序。使用旋转坐标系会使编写直线矩形的程序变得容易，但是在安装过程中需成一定角度放置。旋转坐标系来与工件位置相匹配，旋转后角度使测量非常方便。FANUC 提供了旋转坐标系（G68、G69）指令完成坐标系或者工件的旋转。

5.2.4 数控机床的跳转功能 G31

为了进行在线检测，除了需要测头和控制系统接收脉冲信号的物理连接外，控制系统在软件上还需要具有跳转功能。在 FANUC 系统中跳转功能为 G31，是在线检测程序中最常用的基本检测指令。

（1） 指令格式为：G31 IP _ F _ ；

IP 为 X、Y、Z 中一个轴的移动。

（2） 指令功能

在 G31 指令后指定轴移动，直线进给到目标点（X、Y、Z），如果在到达（X、Y、Z）之前探针接触到工件，程序跳出余下的运动并存储当前位置信息，并存入到＃5061～＃5064 这 4 个系统变量中，供测量宏程序计算使用，以保护探针不会被损坏，如图 5-8 所示。宏程序中，由系统变量保存位置信息，然后对探针处于不同接触点时的位置信息自动进行数学处理，就可得到被测对象的长度值，从而实现对被测对象的测量。另外，要在宏程序中实现自动报警，需要用到 FANUC 0i MC 数控系统中的系统参数＃3000，它是专门用于报警设置的变量。其基本格式是：

＃3000＝＜报警号＞；

报警号一般用 1、2、3 等数字给出，它是工厂预先确定的，一般用文字规定，并下发到工厂相关岗位，使机床操作人员知晓各报警号所代表的具体含义。为了进一步给出提示，还可以在报警号后给出其英文说明。

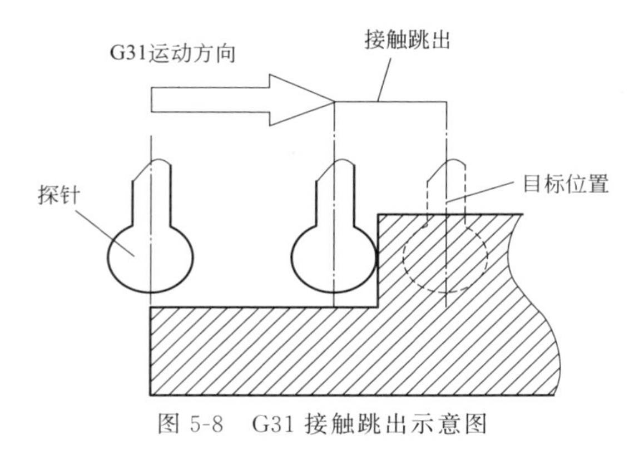

图 5-8　G31 接触跳出示意图

5.2.5　雷尼绍测头在 FANUC 数控机床中的连接与测试

① 确定输入输出点及代码如表 5-2 所示。

表 5-2　输入输出点参数设计

思路顺序	确定内容	确定步骤	用途
1	输出点	查看指定 DO 分线器输出点 Y2.4 位置	Y2.4 输出点用于开启、关闭测头
2	G31 跳转信号(测头状态)输入点	查看指定 DI 分线器输入点 X4.7 位置	X4.7 是机床系统接收外部测头信号的输入点,实现 G31 跳转信号功能
3	M 代码 1	如 M17,确定 M 代码已预先定义,与宏程序中保持一致	测头开启
4	M 代码 2	如 M18,确定 M 代码已预先定义,与宏程序中保持一致	测头关闭

② 编写梯形图，如图 5-9 所示，根据使用者自己设定相应的代码。

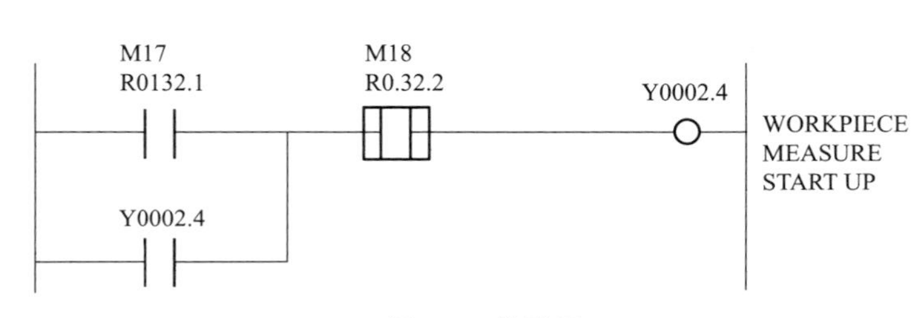

图 5-9　梯形图

③ 连接线路。雷尼绍 OMP60 测头基于 FANUC 系统接线如图 5-10 所示。将测头接收器固定于数控机床电气柜底部适当位置，按电气线路规范进行接线；连接测头接收器电源线（红线：24DV/黑线：0DV）；连接“工件测头开启”（白：输出点/棕：0DV）信号线至 PMC 输出点 Y2.4，并编辑相应 M 代码开启/关闭测头的梯形图；连接“测头状态”（青：测量输入点/青黑线：24DV）信号线至数控系统测量输入点 X4.7；在 MDI 手动输入数据方式下开启测头，输入测量信号测试指令：G31 G91X30.0 F200.0，用手触碰测头测针，检查数控机床是否停止运动。

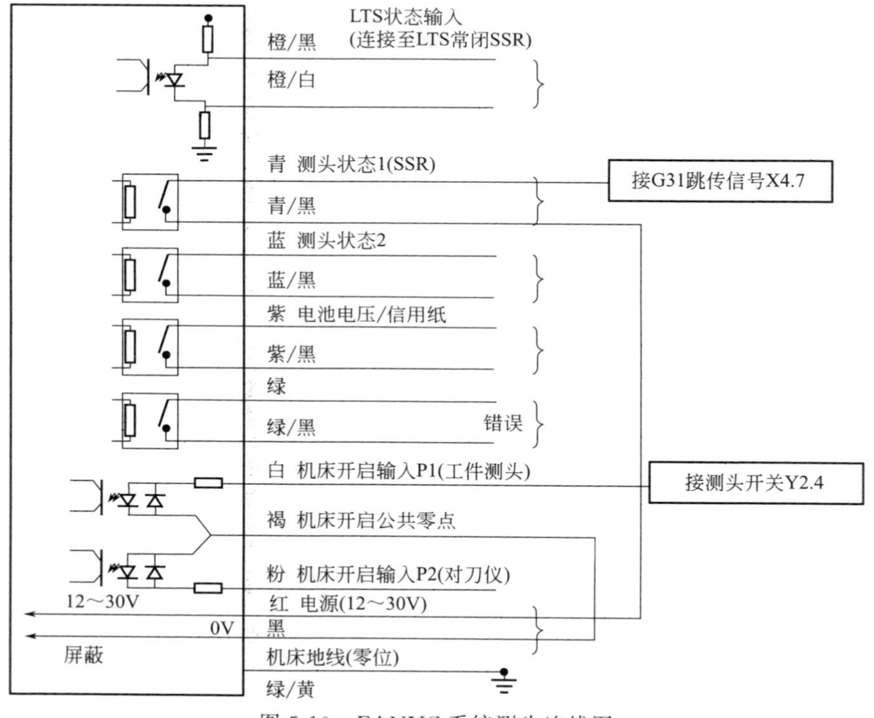

图 5-10　FANUC 系统测头连线图

5.2.6　测头参数宏程序

（1）单面测量宏程序

```
XYZ 单面测量(O9811)
O9811;(XYZ 单面测量)
G65P9724;(调用设定宏程序)
```

```
＃31＝＃5041;(5041 号变量赋给＃31)
＃32＝＃5042;(5042 号变量赋给＃32)
＃149＝330;
IF[＃19EQ＃0]GOTO1;
IF[＃20EQ＃0]GOTO1;
GOTO15;
N1;
＃149＝320;
IF[＃19EQ＃0]GOTO2;
IF[＃11EQ＃0]GOTO2;
GOTO 15;
N2;
＃149＝340;
IF[＃20EQ＃0]GOTO3;
IF[＃13EQ＃0]GOTO3;
GOTO 15;
N3;
＃1＝135;
WHILE[＃1LE149]DO1;
＃[＃1]＝＃0;
＃1＝＃1＋1;
END 1;
G31X[＃31－[＃[＃111＋2]*＃129]]Y[＃32－[＃[＃111＋3]*＃129]]F＃119;
IF[ABS[＃5061－[＃31－[＃[＃111＋2]]*＃129]]GE＃123]GOTO14;
IF[ABS[＃5062－[＃32－[＃[＃111＋3]]*＃129]]GE＃123]GOTO14;
＃30＝－1;
IF[＃24NE＃0]GOTO6;
IF[＃25NE＃0]GOTO9;
＃149＝210;
IF[＃26EQ＃0]GOTO15
IF[[＃5043－＃116]LT＃26]GOTO4;
＃30＝1;
N4;
G65P9726Z＃26Q＃17S[＃[＃111＋19]*＃129];
IF[＃149NE0]GOTO15;
＃135＝＃31;
＃136＝＃32;
```

```
#137=#126-#116+[[#[#111+19]-#[#111+18]]*#129];
#138=#137;
IF[#8EQ#0]GOTO5;
#138=#138+#[10000+#8];
N5;
#142=#137-#26;
(TWPZ=#142);
#143=#138-#26;
#145=ABS[#142];
#146=#143*#30;
GOTO12;
N6;
#149=350;
IF[#25NE#0]GOTO15;
IF[#26NE#0]GOTO15;
#6=#[#111]*#129;
IF[#5041LT#24]GOTO7;
#6=-#6;
#30=1;
N7;
G65P9726X#24Q#17;
IF[#149NE0]GOTO15;
#135=#124+#6+[#[#111+2]*#129];
#136=#32;
#138=#135;
IF[#8EQ#0]GOTO8;
#138=#138+#[10000+#8];
N8;
#140=#135-#24;
(TWPX=#140);
#143=#138-#24;
#145=ABS[#140];
#146=#143*#30;
GOTO 12;
N9;
#149=350;
IF[#26NE#0]GOTO15
```

```
＃6＝＃[＃111＋1]＊＃129;
IF[＃5042LT＃25]GOTO10;
＃6＝－＃6;
＃30＝1;
N10;
G65P9726Y＃25Q＃17;
IF[＃149NE0]GOTO15;
＃135＝＃31;
＃136＝＃125＋＃6＋[＃[＃111＋3]＊＃129];
＃138＝＃136;
IF[＃8EQ＃0]GOTO11;
＃138＝＃138＋＃[10000＋＃8];
N11;
＃141＝＃136－＃25;
(TWPY＝＃141);
＃143＝＃138－＃25;
＃145＝ABS[＃141];
＃146＝＃143＊＃30;
N12;
＃147＝＃30;
IF[＃23EQ＃0]GOTO13;
IF[＃24NE＃0]GOTO20;
IF[＃26EQ＃0]GOTO30;
IF[＃26NE＃0]GOTO40;
N20;
＃15＝100.;
GOTO50;
N30;
＃15＝101.;
GOTO50;
N40;
＃15＝102.;
GOTO50;
N41;
＃15＝＃0;
N50;
G65P9730F＃15H＃11M＃13S＃19T＃20W＃23X＃24Y＃25Z＃26;
```

```
N13;
#147=#26;
#26=1;
M98P9701;
#147=#30;
GOTO 16;
N14;
#149=1;
N15;
G01X#31Y#32F#119;
G65P9700;
N16;
G01X#31Y#32F#119;
M99;
```

（2）凸台或凹槽测量宏程序

```
O9812;(凸台或凹槽测量)
G65P9724;
#31=#5041;
#32=#5042;
#149=300;
IF[#24EQ#0]GOTO1;
IF[#25EQ#0]GOTO1;
GOTO11; (程序跳转到 N11)
N1;
#149=200;
IF[#24NE#0]GOTO2;
IF[#25NE#0]GOTO2;
GOTO11;
N2;
G31X[#31-[#[#111+2]*#129]]Y[#32-[#[#111+3]*#129]]F
#119;
IF[ABS[#5061-[#31-[#[#111+2]]*#129]]GE#123]GOTO10;
IF[ABS[#5062-[#32-[#[#111+3]]*#129]]GE#123]GOTO10;
#30=-1;
IF[#26EQ#0]GOTO4;
IF[#18NE#0]GOTO3;
```

```
#18=5*#129;
N3;
IF[#18LT0]GOTO4;
#30=1;
N4;
IF[#25EQ#0]GOTO6;
#7=#25;
G65P9722D#7Q#17R#18Z#26;
G01X#31Y#32F#119;
IF[#149NE0]GOTO11;
#1=135;
WHILE[#1LE149]DO1;
#[#1]=#0;
#1=#1+1;
END1;
#136=#128+[#[#111+3]*#129];
#138=ABS[[#125-#128]*2];
#138=#138-[[#[#111+1]*#129]*#30*2];
IF[#8EQ#0]GOTO5;
#138=#138+#[10000+#8];
N5;
#141=#136-#32;
(TWPY=#141);
#145=ABS[#141];
GOTO8;
N6;
#7=#24;
G65P9721D#7Q#17R#18Z#26;
G01X#31Y#32F#119;
IF[#149NE0]GOTO11;
#1=135;
WHILE[#1LE149]DO1;
#[#1]=#0;
#1=#1+1;
END1;
#135=#127+[#[#111+2]*#129];
#138=ABS[[#124-#127]*2];
```

```
#138=#138-[[#[#111]*#129]*#30*2];
IF[#8EQ#0]GOTO7;
#138=#138+#[10000+#8];
N7;
#140=#135-#31;
(TWPX=#140);
#145=ABS[#140];
N8;
#143=#138-#7;
#146=#143*#30/2;
IF[#23EQ#0]GOTO9;
IF[#26EQ#0]GOTO21;
IF[#18LT0.0]GOTO21;
IF[#24EQ#0]GOTO20;
#15=107.;
GOTO24;
N20;
#15=108.;
GOTO24;
N21;
IF[#24EQ#0]GOTO22;
#15=109.;
GOTO24;
N22;
#15=110.;
GOTO24;
N23;
#15=#0;
N24;
G65P9730D#7F#15H#11M#13S#19T#20W#23X#31Y#32E2.;
N9;
#147=#0;
M98P9701;
GOTO12;
N10;
#149=1;
N11;
```

```
G01X#31Y#32F#119;
G65P9700;
N12;
G01X#31Y#32F#119;
M99;
```

(3) 内孔或外圆测量宏程序

```
O9814;(内孔或外圆)
G65P9724;
#31=#5041;
#32=#5042;
#149=110;
IF[#7EQ#0]GOTO5;
#1=135;
WHILE[#1LE149]DO1;
#[#1]=#0;
#1=#1+1;
END1;
#30=-1;
IF[#26EQ#0]GOTO2;
IF[#18NE#0]GOTO1;
#18=5*#129;
N1;
IF[#18LT0]GOTO2;
#30=1;
N2;
G65P9722D#7Q#17R#18Z#26;
IF[#149NE0]GOTO5;
G65P9721D#7Q#17R#18Z#26;
IF[#149NE0]GOTO5;
#135=#127+[#[#111+2]*#129];
#136=#128+[#[#111+3]*#129];
#138=[ABS[[#124-#127]*2]]-[#[#111]*#129*#30*2];
IF[#8EQ#0]GOTO3;
#138=#138+#[10000+#8];
N3;
#140=#135-#31;
```

```
#141=#136-#32;
(TWPX=#140);
(TWPY=#141);
#143=#138-#7;
#145=SQRT[[#140*#140]+[#141*#141]];
#146=#143*#30/2;
IF[#23EQ#0]GOTO4;
IF[#26EQ#0]GOTO10;
IF[#18LT0.0]GOTO10;
#15=106.;
GOTO12;
N10;
#15=105.;
GOTO12;
N11;
#15=#0;
N12;
G65P9730D#7F#15H#11M#13S#19T#20W#23X#31Y#32E2.;
N4;
#147=#0;
M98P9701;
GOTO6;
N5;
G01X#31Y#32F#119;
G65P9700;
N6;
G01X#31Y#32F#119
M99;
```

（4）设定宏程序

```
O9724;(设定宏程序)
#111=500(BASE*NO);
#120=11(SELECT*OPTIONS*3=FS15/FS9*11=FS16/FS6);
GOTO1(DELETE*TO*ENABLE*MULTI*PROBES);
#13=1.;
M98P9732;
N1;
```

```
IF[#8EQ1]GOTO5;
IF[#4111LE0]GOTO4;
IF[#4008EQ49]GOTO4;
GOTO5;
N4;
G65P9700E70.;
N5;
M98P9723;
G90G80G40;
IF[#4006EQ20]GOTO6;
IF[#4006EQ70]GOTO6;
#123=0.05;
#129=1;
GOTO7;
N6;
#123=0.002;
#129=1/25.4;
N7;
IF[[#[#111+5]AND2048]EQ2048]GOTO12;
IF[#[#111+6]LE0.]GOTO8;
IF[#[#111+6]GT1.]GOTO8;
GOTO9;
N8;
(EDIT*VARIABLE*#111+6*TO*CHANGE*BOF);
#[#111+6]=0.25(BACK*OFF);
N9;
IF[#[#111+9]LE1000]GOTO10;
IF[#[#111+9]GT10000]GOTO10;
GOTO11;
N10;
(EDIT*VARIABLE*#111+9*TO*CHANGE*FAST*FEED);
#[#111+9]=5000(FAST*FEED*MM);
N11;
#113=[#[#111+9]]*.6*#129;
#119=[#[#111+9]]*#129;
#[#111+8]=30(MEAS*FEED*MM);
GOTO14;
```

```
N12;
#113=FIX[#[#111+9]]*10*#129;
#119=[#[#111+9]-FIX[#[#111+9]]]*100000*#129;
#118=#[#111+7];
IF[#[#111+5]AND512NE512]GOTO13(OPT & D1);
#113=#113*.5;
#119=#119*.5;
#9=#9*.5;
N13;
IF[#21NE#0]GOTO14;
IF[#[#111+5]AND64NE64]GOTO14(OPT & D2);
#119=16000*#129;
#113=10000*#129;
N14;
M99;
```

（5）基本测量宏程序

```
O9726;(基本测量宏程序)
#29=0;
#32=.1(DWELL*SG*PROBE-SECONDS);
#33=1.1(OPTIMISED BOF);
#28=0;
#149=0;
M98P9723;
#1=#5041;
IF[#24NE#0]GOTO5;
#24=#1;
N5;
#2=#5042;
IF[#25NE#0]GOTO10;
#25=#2;
N10;
#3=#5043-#116;
IF[#26NE#0]GOTO15;
#26=#3;
N15;
#8=#[#111+8]*#129;
```

```
IF[#9EQ#0]GOTO20;
#8=#9;
N20;
#11=#24-#1;
#12=#25-#2;
#13=#26-#3;
#10=SQRT[[#11*#11]+[#12*#12]+[#13*#13]];
#10=FIX[#10*10000]/10000;
#149=370;
IF[#10EQ0]GOTO140;
#11=#11/#10;
#12=#12/#10;
#13=#13/#10;
IF[#17NE#0]GOTO25;
#17=5*#129;
#9=10*#129;
#17=#9-[[#9-#17]*ABS[#13]];
N25;
IF[[#[#111+5]AND1024]EQ1024]GOTO30;
IF[#15EQ3]GOTO30;
#31=0(*Z*RAD);
#9=#[#111+19]*#129(*XY*RAD);
#31=[#9-#31]*ABS[#13];
#5=[#10+#17-[#[#111+19]*#129]+#31]/#129;
#5=[[900-300]*[#5-2]/[20-2]]+300;
#5=#5*#129;
IF[#8GT#5]GOTO90;
();
N30;(2-TOUCH);
#9=#119;
IF[#13EQ0]GOTO40;
#9=#113;
N40;
IF[[#[#111+5]AND1024]EQ1024]GOTO43;
IF[#9LT[3000*#129]]GOTO43;
#9=3000*#129;
N43;
```

```
IF[#15NE3]GOTO44;
#9=80*#129;
N44;
#24=#24+[[#17-[#[#111+19]*#129]]*#11];
#25=#25+[[#17-[#[#111+19]*#129]]*#12];
#26=#26+[[#17-[#[#111+19]*#129]]*#13]-#19;
IF[[#[#111+5]AND512]NE512]GOTO50;
#9=#9*.5(50*PERCENT*FEED*-*2TCH);
N45;
M00(PROVEOUT*STOP);
N50;
#3004=2;
G31X#24Y#25Z#26F#9;
#3004=0;
#149=0;
#4=#5061-#24;
#5=#5062-#25;
#6=[#5063-#116]-#26;
#10=SQRT[[#4*#4]+[#5*#5]+[#6*#6]];
IF[#10GE#123]GOTO55;
#149=2;
GOTO145;
N55;
#4=#5061-#1;
#5=#5062-#2;
#6=[#5063-#116]-#3;
#10=SQRT[[#4*#4]+[#5*#5]+[#6*#6]];
IF[#10GE#123]GOTO60;
#149=1;
GOTO140;
N60;
IF[[#[#111+5]AND2048]EQ2048]GOTO65;
#30=[8*#[#111+6]]*#129;
IF[#15NE3]GOTO75;
#30=[4*#[#111+6]]*#129;
GOTO75;
N65;
```

```
IF[#15NE3]GOTO70;
#9=500*#129;
N70;
G53;
#30=#9/60/1000*[#[#111+6]*#33];
IF[#15EQ3]GOTO75;
#30=#30+[#9/60/1000*4];
#30=#30+[#8*#118/1000];
N75;
#21=#5061-[#30*#11];
#22=#5062-[#30*#12];
#23=#5063-#116-[#30*#13];
#4=#24-#21;
#5=#25-#22;
#6=#26-#23;
#10=SQRT[[#4*#4]+[#5*#5]+[#6*#6]];
#21=#24-[#10*#11];
#22=#25-[#10*#12];
#23=#26-[#10*#13];
G01X#21Y#22Z#23F#9;
#149=0;
G04X#32;
IF[#15NE3]GOTO80;
#8=3*#129;
N80;
#3004=2;
G31X#24Y#25Z#26F#8;
#3004=0;
#149=0;
#4=#5061-#24;
#5=#5062-#25;
#6=[#5063-#116]-#26;
#10=SQRT[[#4*#4]+[#5*#5]+[#6*#6]];
IF[#10GE#123]GOTO85;
#149=2;
GOTO145;
N85;
```

```
#4=#5061-#21;
#5=#5062-#22;
#6=[#5063-#116]-#23;
#10=SQRT[[#4*#4]+[#5*#5]+[#6*#6]];
IF[#10GE#123]GOTO135;
#149=1;
GOTO140;
N90;(1-TOUCH);
#24=#24+[[#17-[#[#111+19]*#129]]*#11];
#25=#25+[[#17-[#[#111+19]*#129]]*#12];
#26=#26+[[#17-[#[#111+19]*#129]]*#13]-#19;
IF[[#[#111+5]AND2560]NE2560]GOTO100;
#8=#8*.5(50*PERCENT*FEED*-*2TCH);
N95;
M00(PROVEOUT*STOP);
N100;
#3004=2;
G31X#24Y#25Z#26F#8;
#3004=0;
#149=0;
#4=#5061-#24;
#5=#5062-#25;
#6=[#5063-#116]-#26;
#10=SQRT[[#4*#4]+[#5*#5]+[#6*#6]];
IF[#10GE#123]GOTO105;
#149=2;
GOTO145;
N105;
#4=#5061-#1;
#5=#5062-#2;
#6=[#5063-#116]-#3;
#10=SQRT[[#4*#4]+[#5*#5]+[#6*#6]];
IF[#10GE#123]GOTO110;
#149=1;
GOTO140;
N110;
IF[#29EQ0]GOTO115;
```

```
M98P9723;
#4=#5041;
#5=#5042;
#6=#5043;
#31=.1*#129;
#21=#4-[#31*#11];
#22=#5-[#31*#12];
#23=#6-#116-[#31*#13];
G04X#32;
G31X#21Y#22Z#23F[100*#129];
IF[ABS[#5061-#21]GT#123]GOTO115;
IF[ABS[#5062-#22]GT#123]GOTO115;
IF[ABS[[#5063-#116]-#23]GT#123]GOTO115;
#31=#8*#118/1000;
#21=#4-[#31*#11*2];
#22=#5-[#31*#12*2];
#23=#6-#116-[#31*#13*2];
G01X#21Y#22Z#23F#113;
M98P9723;
#28=#28+1;
IF[#28LE#29]GOTO100;
#149=10.;
GOTO135;
N115;
(CHECK 1T FOR ACC/DEC);
#31=#8*#118/1000;
#30=#8/60/1000*#[#111+6];
#21=#5061-#24;
#22=#5062-#25;
#23=#5063-#116-#26;
#10=SQRT[[#21*#21]+[#22*#22]+[#23*#23]];
#10=#10+#30;
IF[#10LT#31]GOTO120;
#21=#5061-#1;
#22=#5062-#2;
#23=#5063-#116-#3;
#10=SQRT[[#21*#21]+[#22*#22]+[#23*#23]];
```

```
＃10＝＃10－＃30;
IF[＃10LT＃31]GOTO120;
GOTO135;
N120(RECOVERY);
IF[＃[＃111＋5]AND128EQ0]GOTO122;
G65P9700E390.;
N122;
＃30＝＃8/60/1000＊[＃[＃111＋6]＊＃33];
＃14＝100＊＃129;
＃30＝＃30＋[＃14＊＃118/1000];
＃21＝＃5061－[＃30＊＃11];
＃22＝＃5062－[＃30＊＃12];
＃23＝＃5063－＃116－[＃30＊＃13];
＃4＝＃24－＃21;
＃5＝＃25－＃22;
＃6＝＃26－＃23;
＃10＝[＃4＊＃4]＋[＃5＊＃5]＋[＃6＊＃6];
＃10＝SQRT[＃10];
＃21＝＃24－[＃10＊＃11];
＃22＝＃25－[＃10＊＃12];
＃23＝＃26－[＃10＊＃13];
G01X＃21Y＃22Z＃23F＃113;
＃149＝0;
G04X＃32;
＃3004＝2;
G31X＃24Y＃25Z＃26F＃14;
＃3004＝0;
＃4＝＃5061－＃24;
＃5＝＃5062－＃25;
＃6＝[＃5063－＃116]－＃26;
＃10＝SQRT[[＃4＊＃4]＋[＃5＊＃5]＋[＃6＊＃6]];
IF[＃10GE＃123]GOTO125;
＃149＝2;
GOTO145;
N125;
＃4＝＃5061－＃21;
＃5＝＃5062－＃22;
```

```
#6=[#5063-#116]-#23;
#10=SQRT[[#4*#4]+[#5*#5]+[#6*#6]];
IF[#10GE#123]GOTO130;
#149=1;
GOTO140;
N130;
#124=#5061;
#125=#5062;
#126=#5063;
G53;
#124=#124-[#[#111+4]*#11*#129];
#125=#125-[#[#111+4]*#12*#129];
#126=#126-[#[#111+4]*#13*#129];
GOTO150;
N135;
#124=#5061;
#125=#5062;
#126=#5063;
GOTO150;
N140(PO);
#124=#1;
#125=#2;
#126=#3;
GOTO150;
N145(PF);
#124=#24;
#125=#25;
#126=#26;
N150(MOVE TO START POS);
#4=#1-#5041;
#5=#2-#5042;
#6=#3-[#5043-#116];
#10=SQRT[[#4*#4]+[#5*#5]+[#6*#6]];
#30=ABS[#4]+ABS[#5]+ABS[#6];
IF[[#30-#10]GT[1*#129]]GOTO155;
G00X#1Y#2Z#3;
GOTO160;
```

```
N155;
G01X#1Y#2Z#3F#113;
N160;
M99;
```

(6) 错误信息显示宏程序

```
O9700;(错误信息显示宏程序)
#30=3006(3006=MESSAGE*3000=ALARM);
IF[#8EQ#0]GOTO9990;
#149=#8;
N9990;
IF[#149GE500]GOTO499;
GOTO#149;
N1  #3000=92(PROBE*ALREADY*TRIGGERED);
N2  #3000=93(PROBE*DID*NOT*TRIGGER);
N10  #3000=87(UNEXPECTED*PROBE*TRIGGER);
N50  #3000=86(PATH*OBSTRUCTED);
N60  #3000=88(NO*FEED*RATE);
N70  #3000=89(NO*TOOL*LENGTH*ACTIVE);
N75  #3000=196(M*INPUT*ERROR);
N80  #3000=91(A*INPUT*MISSING);
N90  #3000=91(B*INPUT*MISSING);
N100  #3000=91(C*INPUT*MISSING);
N110  #3000=91(D*INPUT*MISSING);
N412  #3000=91(E*INPUT*MISSING);
N115  #3000=91(F*INPUT*MISSING);
N120  #3000=91(I*INPUT*MISSING);
N130  #3000=91(J*INPUT*MISSING);
N140  #3000=91(K*INPUT*MISSING);
N150  #3000=91(M*INPUT*MISSING);
N155  #3000=91(S*INPUT*MISSING);
N160  #3000=91(T*INPUT*MISSING);
N166  #3000=91(U*INPUT*MISSING);
N168  #3000=91(V*INPUT*MISSING);
N161  #3000=91(W*INPUT*MISSING);
N170  #3000=91(X*INPUT*MISSING);
N180  #3000=91(Y*INPUT*MISSING);
```

```
N190  #3000=91(Z*INPUT*MISSING);
N200  #3000=91(XY*INPUT*MISSING);
N210  #3000=91(XYZ*INPUT*MISSING);
N220  #3000=91(DATA*#130*TO*#139*MISSING);
N230  #3000=91(H*INPUT*NOT*ALLOWED);
N240  #3000=91(M*INPUT*NOT*ALLOWED);
N250  #3000=91(S*INPUT*NOT*ALLOWED);
N260  #3000=91(T*INPUT*NOT*ALLOWED);
N270  #3000=91(X0*INPUT*NOT*ALLOWED);
N280  #3000=91(Y0*INPUT*NOT*ALLOWED);
N290  #3000=91(IJK*INPUTS*5*MAX);
N300  #3000=91(XY*INPUT*MIXED);
N310  #3000=91(ZK*INPUT*MIXED);
N320  #3000=91(SH*INPUT*MIXED);
N330  #3000=91(ST*INPUT*MIXED);
N340  #3000=91(TM*INPUT*MIXED);
N350  #3000=91(XYZ*INPUT*MIXED);
N360  #3000=91(K*INPUT*OUT*OF*RANGE);
N370  #3000=91(FORMAT*ERROR);
N380  #3000=101(2*PROBE*STARTUP*FAILURE);
N390  #3000=102(INCREASE*PROBE*STAND—OFF);
N400  #3000=120(M101*CYCLE*NOT*SUITABLE);
N410  #3000=123(XYZ*ERROR*MISSING*FOR*WCS*UPDATE*IN*TWP);
N425  #3000=99(TOOL*OFFSET*ACTIVE);
N430  #3000=106(1*CALIBRATION*REQUIRED);
N433  #3000=193(3*SKIP*FUNCTION*TEST*FAILED);
N434  #3000=198(5*STYLUS*RUNOUT*EXCESSIVE);
N435  #3000=192(3*PT*Z*PLANE*DELTA*OUT*OF*TOLERANCE);
N440  #[#30]=1(SET*P6201.1=1*CYC*START*TO*CONTINUE);
GOTO9999;
N450  #[#30]=1(MF#100*ZPF#101*XYPF#102*CYC*START*TO*SAVE);
GOTO9999;
N455  #[#30]=1(PROBE*CALIBRATION*REQUIRED*AFTER*OPTIMISATION);
GOTO9999;
N460  #[#30]=1(PROBE*STOP*FAILURE);
GOTO9999;
N480  #[#30]=1(PROBE*BASIC*CHECK*PASSED);
```

```
GOTO9999;
N499  IF[#120AND4EQ4]GOTO9999;
GOTO#149;
N500  #[#30]=1(OUT*OF*TOLERANCE);
GOTO9999;
N510  #[#30]=1(OUT*OF*POSITION);
GOTO9999;
N520  #[#30]=1(ANGLE*OUT*OF*TOLERANCE);
GOTO9999;
N530  #[#30]=1(DIA*OFFSET*TOO*LARGE);
GOTO9999;
N540  #[#30]=1(UPPER*TOL*EXCEEDED);
GOTO9999;
N550  #[#30]=1(EXCESS*STOCK);
N9999;
M99;
```

（7）结果显示宏程序

```
O9701;(结果显示宏程序)
IF[#21EQ#0]GOTO1;
IF[ABS[#143]GE#21]GOTO8;
IF[#145GE#21]GOTO8;
N1;
IF[#11EQ#0]GOTO2;
IF[ABS[#143]LT#11]GOTO2;
#148=1;
G65P9700E500.;
N2;
IF[#13EQ#0]GOTO4;
IF[ABS[#145]LT#13/2]GOTO3;
#148=2;
N3;
IF[ABS[#145]LT#13/2]GOTO4;
G65P9700E510.;
N4;
IF[#20EQ#0]GOTO7;
IF[ABS[#146]LT#22]GOTO7;
```

```
IF[＃9NE＃0]GOTO5;
＃9=1;
N5;
G65P9732T＃20C[＃146*＃9]Z＃147;
IF[＃26NE＃0]GOTO7;
IF[＃118LT＃7/2]GOTO6;
＃148=5;
N6;
IF[＃118LT＃7/2]GOTO7;
G65P9700E530.;
N7;
IF[＃19EQ＃0]GOTO 9;
G65P9732S＃19W1.Z＃147;
GOTO 9;
N8;
＃148=3;
G65P9700E540.;
N9;
G01X＃31Y＃32F＃119;
M99;
%
```

5.3 数控宏程序在人机界面开发上的应用

5.3.1 椭圆型腔通用宏程序

在实际生产中，椭圆型腔的中心不一定与编程坐标系原点重合，为了使程序具有通用性，通过坐标系平移与旋转使得 X、Y 轴与椭圆长半轴、短半轴重合，如图 5-11 所示。

已知椭圆参数方程 $\begin{cases} X = a\cos\theta \\ Y = b\sin\theta \end{cases}$ （θ 参数角），采用直线逼近法编制椭圆型腔通用宏程序。自变量和局部变量含义见表 5-3，椭圆型腔通用宏程序编制见表 5-4。

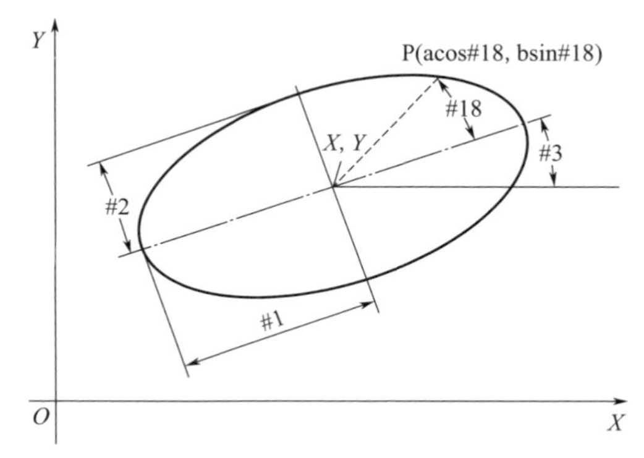

图 5-11　坐标系变换图

表 5-3　自变量和局部变量

自变量	对应局部变量	赋值说明
X	＃24	椭圆中心 X 坐标值
Y	＃25	椭圆中心 Y 坐标值
Z	＃26	椭圆中心 Z 坐标值
A	＃1	椭圆长半轴长 a
B	＃2	椭圆短半轴长 b
C	＃3	长半轴与水平方向夹角 θ
I	＃4	刀具直径
D	＃7	Z 坐标自变量
E	＃8	Z 坐标自变量递增量
F	＃9	进给速度
H	＃11	椭圆深度
M	＃13	角度递增量 t

表 5-4　椭圆型腔通用宏程序

程序	注解
O9010；	
G52X＃24Y＃25Z＃26；	椭圆中心建局部坐标系
G68X0Y0R＃3；	椭圆坐标系旋转角度＃3
＃5＝0.8＊＃4；	步距
＃6＝2＊＃1－＃4；	刀具在内腔中 X 轴上最大移动距离
	刀具在内腔中 Y 轴上最大移动距离

续表

程序	注解
#17=2*#2-#4;	若加工高度#7≤#11,执行DO循环1,定位至加工平面1mm以上
WHILE[#7LE#11]DO1;	G1下降至当前加工平面
G0Z[-#7+1];	Y方向最大移动距离除以步距并上取整
G1Z[#7-#11] F#9;	#18是奇数或偶数都上取整,重置
#18=FIX[#17/#5];	#19为初始值
#19=FIX[#18/2];	若#19≥0,还没有走到最外圈,循环2继续
WHILE[#19GE0]DO2;	每圈需"移动的长半轴"目标值
	每圈需"移动的短半轴"目标值
#21=#6/2-#19*#5;	重置角度初始值为"0"
	若#23≤360°,未走完椭圆一圈,循环3继续
#22=#17/2-#19*#5;	椭圆上一点的X坐标
	椭圆上一点的Y坐标
#23=0;	G1走椭圆
WHILE[#23LE360]DO3;	角度#23每次以#13递增
#10=#21*SIN[#23];#12=#22*COS[#23];	循环3结束
G1X#10Y#12F#9;#23=#23+#13;	#19依次递减至"0"
END3;	循环2结束
#19=#19-1;	快速提刀至安全平面
END2;	至中心准备加工下一层
G90G0Z30;	Z坐标依次递增层间距
X0Y0;	循环1结束
#7=#7+#8;	快速提刀至安全平面
END1;	回到中心
G90G0Z30;	取消半径补偿
X0Y0;	快速至0平面
G40;	G1下降至当前加工平面
G0Z0;	重置角度#23为初始值"0"(椭圆精加工)
G1Z-#11F#9;	
#23=0;	若#23≤370°,未走完椭圆一圈,

续表

程序	注解
	循环 3 继续
WHILE[#23LE370]DO3;	椭圆上一点的 X 坐标
#10=#1*SIN[#23];#12=#2*COS[#23];	椭圆上一点的 Y 坐标
G41D1G1X#10Y#12F#9	建立刀偏,G1 走椭圆
#23=#23+#13;	角度#23 每次以#13 递增
END3;	循环 3 结束
G0Z30;	快速提刀至安全平面
G40X0Y0;	取消刀补
G69;	取消坐标系旋转
G52X0Y0Z0;	取消局部坐标系
M99;	宏程序结束返回

5.3.2 椭圆型腔人机界面开发流程

随着人机界面开发技术的快速发展及广泛应用，人机界面不再仅仅用于显示和控制，FANUC PICTURE 软件开发的椭圆型腔人机界面，还能够实现数控编程简单化、人性化、快捷化、模块化及操作界面简单清晰。FANUC PICTURE 适用于多种 FANUC（16i/18i/21i-A/B 系列、30i/31i/32i-A/B 系列、0i-MATE C/D 系列）系统，开发软件为 visual Basic 语言，该编程语言集成了编译和链接功能，具有强大的图形显示和贴图功能，并且提供脚本编辑功能与简单的计算功能。将 FANUC PICTURE 安装在运行于 Windows7 系统的 PC 机上，开发所需的人机界面，编译后将执行文件传入 CNC 的 Flash ROM 中存储，在 CNC 上运行，CNC 开机后即显示用户自己开发的操作界面，使用 FANUC PICTURE 制作画面流程如图 5-12 所示。

5.3.3 椭圆型腔人机界面制作

FANUC PICTURE 以 FANUC 0i-MD 系统为例，根据 FP 画面制作流程图，开发椭圆型腔人机界面。椭圆型腔人机界面包括主画面和弹出画面，画面使用了图片控件、按钮控件、时间控件、标签控件、输入输出控件等。整个主画面包括标题、时间显示、椭圆型腔图片、输入输出显示、使用方法解释以及底部按钮等。制作关键步骤如下：

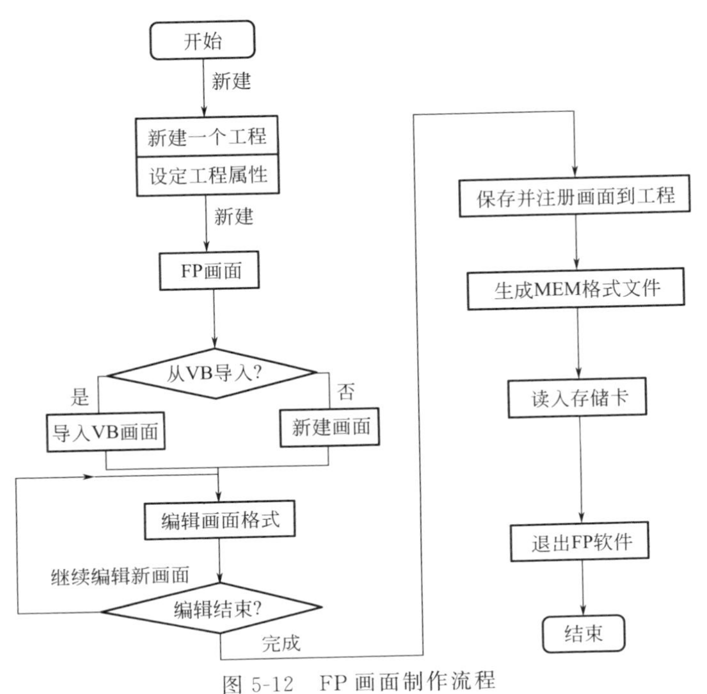

图 5-12　FP 画面制作流程

启动 FP 开发软件，单击 File→Project→New，输入文件名“main”，选择保存路径；设定工程属性，CNC 选 0i-C，字体选 Small，软件选择 5＋2，字符集选简体中文，其他选择默认；单击图标，制作椭圆型腔加工标题；单击图标，在常规里面调整好坐标，字符里面显示类型选日期和时间，字符种类选 ANK，标题颜色选黑色；单击图标，在图像文件名中选择“main”文件，然后保存文件；单击图标，在画面右下边绘制矩形框，双击矩形框弹出 Input 属性设置界面，设定常规坐标、字符、图片、选项默认等，其中动作设定如图 5-13 所示，读取用户宏变量 rdmac［600－12－4000］，写入用户宏变量 wrmacro［600－0－0－12－4000］，根据实际需要设定用户函数＃600～＃630。焦点设定如图 5-14 所示，根据实际需要设定 12 个焦点。

单击图标在画面底部制作按钮，如图 5-15 所示设定快捷键。

单击 New，在 ScrnSet 属性中，设定好常规、选项、焦点规则、合成编辑。属性选择“使用弹出画面”，制作变量含义查看画面。选择菜单栏 Project→Make MEM File－s…，单击“确定”按钮，软件编译成功。手动复制

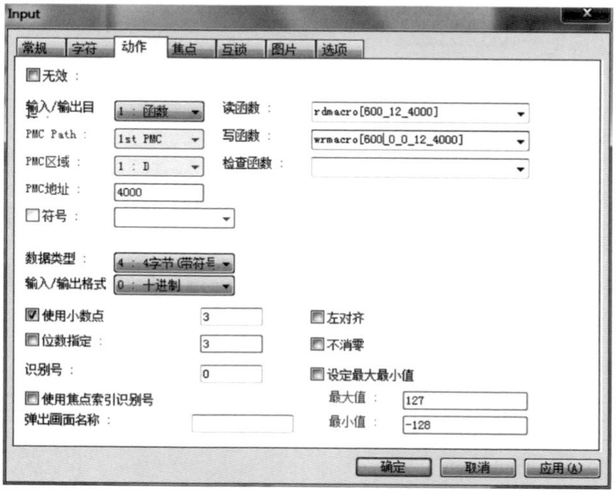

图 5-13 动作设定

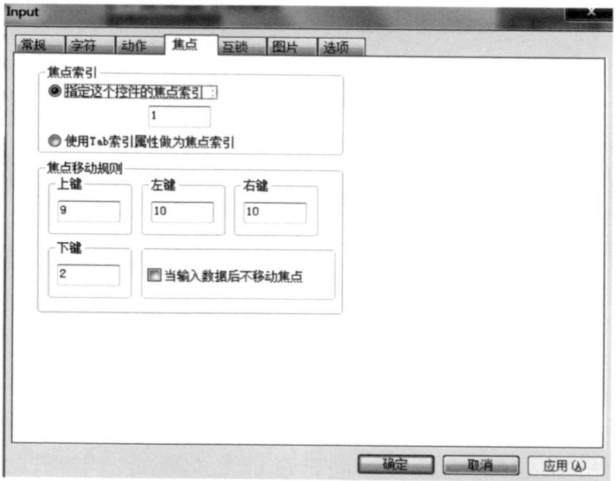

图 5-14 焦点设定

编译成功的两个源文件 FPF0FPDT. MEM、CEX0FPDT. MEM 以及 FP 驱动文件到数据存储卡（第一次传输或使用新版本 FP 软件时，必须将两个文件全部导入 CNC），并将存储卡文件与宏程序导入的用户存储卡文件、FP 驱动文件和宏程序导入到系统。

首先，开通系统的 PICTURE 功能，如图 5-16 所示。

其次，CNC 参数设定：变量存储参数 NO. 8661 为 59，文件存储参数 NO. 8662 为 4，软件容量参数 NO. 8781 为 96。

ChgScrn
常规 字符 动作 图片 无效图片 互锁图片
无效：
画面类型：NC画面
画面名称：MAIN
键值：POSITION
快捷键：FL/F1A
----- 闪烁 PMC -------------
闪烁：
PMC Path：1st PMC
闪烁PMC区域：0 : R
闪烁PMC地址：0
闪烁PMC位：0
符号：
---- 互锁 ----------------------
互锁
PMC Path：1st PMC
互锁PMC区域：0 : R
互锁PMC地址：0
互锁PMC位：0
符号：
----- 点亮 PMC -------------
点亮：
PMC Path：1st PMC
点亮PMC区域：0 : R
点亮PMC地址：0
点亮PMC位：0
符号：
确定 取消 应用(A)

图 5-15 快捷键设定

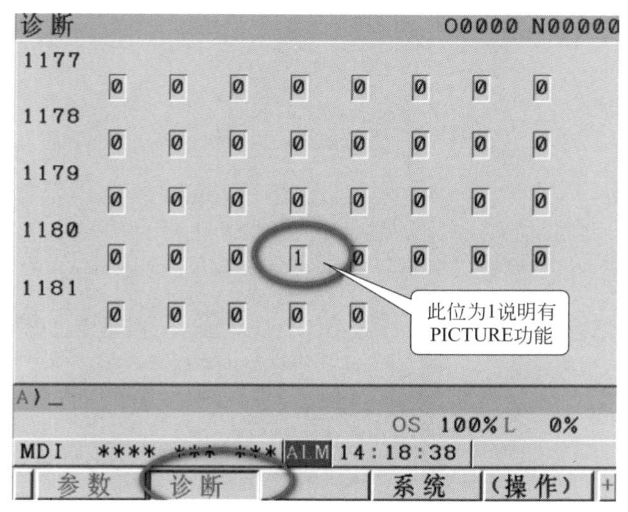

图 5-16 PICTURE 功能设定

再次，通电时同时按住 MDI 键盘上的 6 和 7 按键，进入如图 5-17 的所示的 boot 画面，使用 SYSTEM DATA LOADING 功能将 O9010 宏程序、用户存储卡文件和 FP 驱动文件导入数控系统中。

最后，在 MDI 方式下，按 SYSTEM 键，找到参数 6050～6059，若用 G150 调用程序 O9010，需将 O9010 的对应参数 6050 的值设定为 150 [15—16]。重启数控系统，按 CUSTOM 键，显示椭圆型腔人机界面，如图 5-18 所示。按下 HELP 键，弹出画面显示变量含义，如图 5-19 所示。

```
SYSTEM MONITOR MAIN MENU    60M5-01

1.SYSTEM DATA LOADING
2.SYSTEM DATA CHECK
3.SYSTEM DATA DELETE
4.SYSTEM DATA SAVE
5.SRAM DATA BACK UP
6.MEMORY CARD FILE DELETE
7.MEMORY CARD FORMAT

10.End

****MESSAGE*****
SELECT MENU AND HIT SELECT KEY
 [SELECT]  [YES]  [NO]  [UP]  [DOWN]
```

图 5-17　文件导入画面

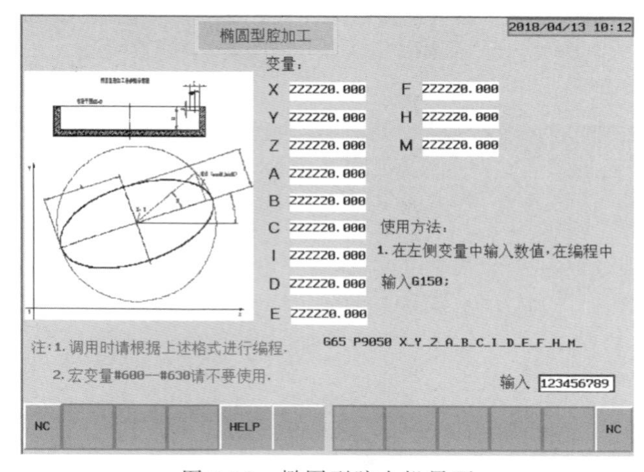

图 5-18　椭圆型腔人机界面

X_椭圆中心X绝对坐标值
Y_椭圆中心Y绝对坐标值
Z-椭圆中心Z绝对坐标值
A_椭圆长半轴长
B_椭圆短半轴长
C_长半轴与水平方向夹角 θ
I_刀具直径
D_Z坐标自变量
E_进给速度
F_切削速度
H_椭圆深度
M_角度递增量t

按【CAN】按键退出帮助画面

图 5-19　弹出画面图

5.3.4 椭圆型腔人机界面应用验证

在 FANUC 0i-MD 数控系统机床上，采用 UG 自动编程、宏程序编程、椭圆型腔人机界面 3 种方法进行对比试验，零件图如图 5-20 所示，3 种编程方法对比结果如表 5-5 所示。

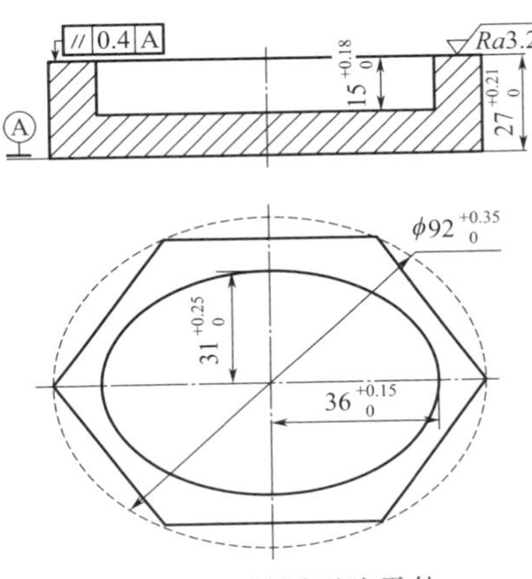

图 5-20　椭圆型腔零件

表 5-5　三种编程方法结果对比

加工方法	编程时间	备注
UG	20min25s	程序冗长，修改难
宏程序	14min55s	变量容易混淆，不直观
人机界面	5min15s	变量直观明了

由表 5-5 可知，椭圆型腔人机界面编程比其他两种方法编程时间短，变量清晰。在椭圆型腔人机界面按图纸尺寸要求填写参数，返回 CNC 界面编写 G150 代码在机床上运行后，加工出的椭圆型腔如图 5-21 所示。经检验，

图 5-21　椭圆型腔实物图

尺寸和精度符合要求。

经试验检验，利用FANUC PICTURE开发的椭圆型腔人机界面，针对性更强，根据HELP显示变量的含义，可直接赋值，不但解决了宏程序编程中变量不清的问题，而且实现了数控编程简单化、方便化、快捷化、模块化及操作界面友好化，进一步扩展了数控系统的功能，极大地简化了编程量，提高了编程效率，具有一定的推广应用价值。

5.3.5 椭圆内孔人机界面应用开发

FANUC PICTURE界面有主界面、子界面，弹出界面等。只需主画面和弹出画面即可完成椭圆内孔加工人机界面制作，整个画面包括一个时间显示控件、文字解释、一张图片、PMC数值输入显示以及底部的一排按钮。考虑到椭圆内孔加工变量的直观性，使用弹出画面制作，共使用了时间控件、标签控件、图片显示控件、输入输出控件、画面切换按钮控件等。

椭圆内孔加工人机界面开发流程如图5-22所示。

按照上述开发流程，把生成的FPFDFPDT.MEM文件和椭圆内孔加工通用宏程序（通过人机界面给变量赋值）导入CNC，如果是第一次导入人机界面还需拷DY61.MEM文件。在NC参数中查看诊断参数1180是否为1（1为开通FANUC PICTURE软件），然后将系统参数8661设置为59，8662设置为4，8781设置为64 [7]。断电重启，按CUSTOMER即可进入椭圆内孔加工人机界面，如图5-23所示。

当给变量赋值时，可通过按下HELP按键，查看其含义，如图5-24所示。

在FANUC 0i-TC数控系统机床上，加工如图5-25所示的椭圆内孔零件，采用MasterCAM自动编程、宏程序手工编程、椭圆内孔加工人机界面3种方法进行对比试验，对比结果如表5-6所示。

表5-6 三种编程方法结果对比

编程软件	零件编程时间
MasterCAM	18min15s
宏程序	12min14s
FP人机界面	7min16s

在FANUC 0i-TD数控系统机床上，根据加工工艺和椭圆内孔加工人机界面要求，通过界面“输入”给变量赋值后，加工出的椭圆内孔零件如图5-26所示。经检验，尺寸和精度符合要求。

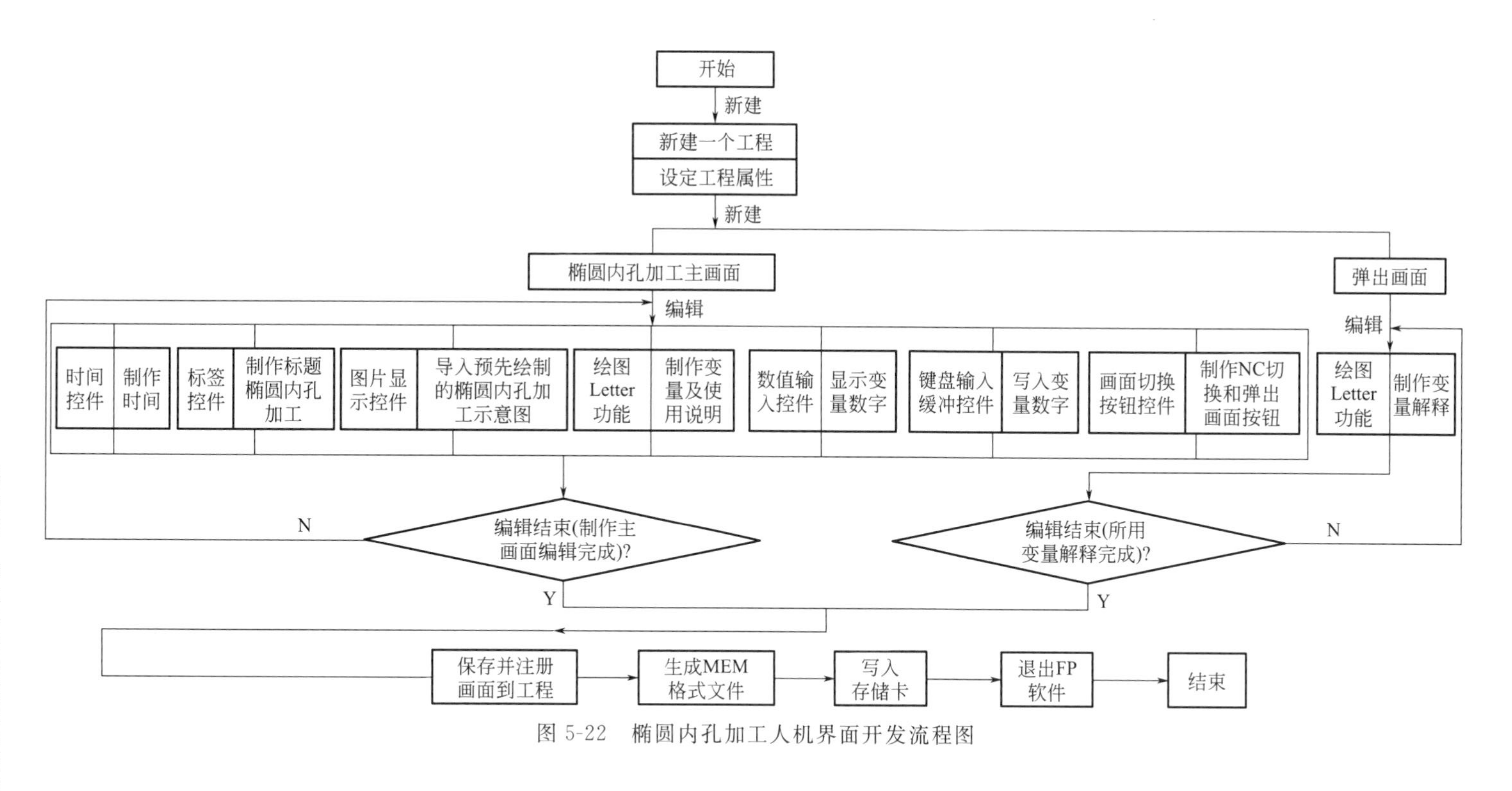

图 5-22 椭圆内孔加工人机界面开发流程图

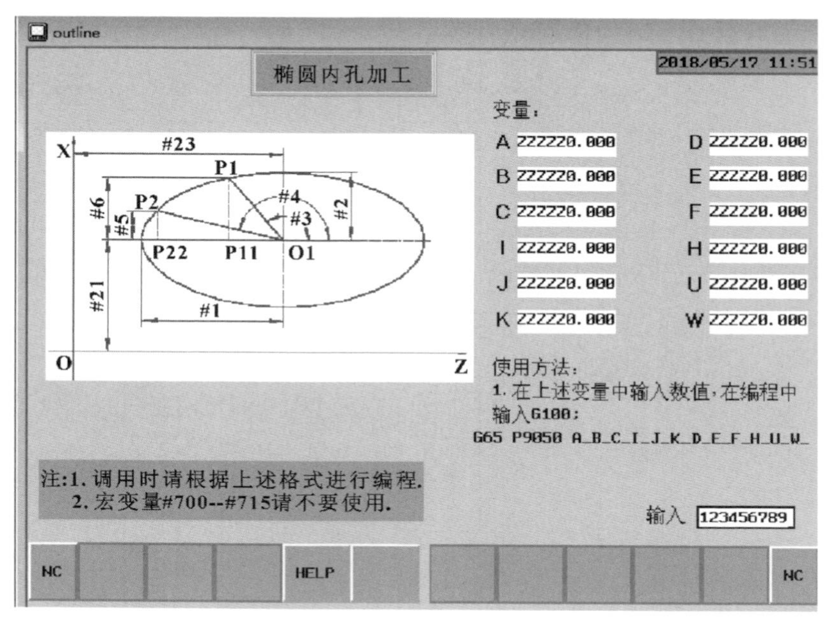

图 5-23　椭圆内孔人机界面

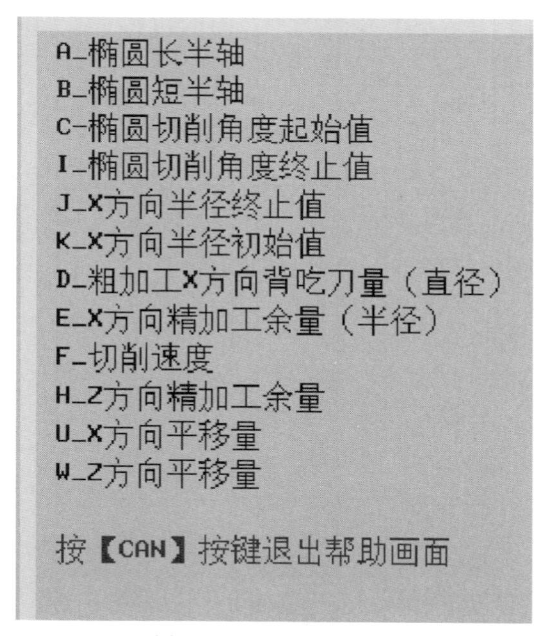

图 5-24　设置弹出画面

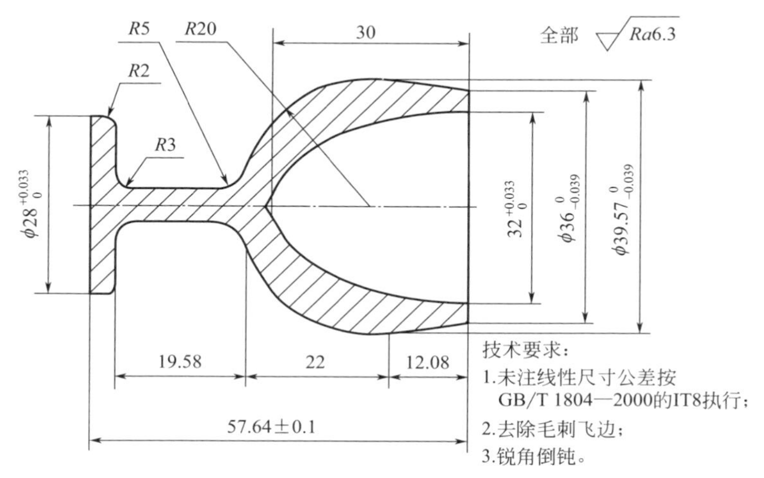

图 5-25　椭圆内孔零件

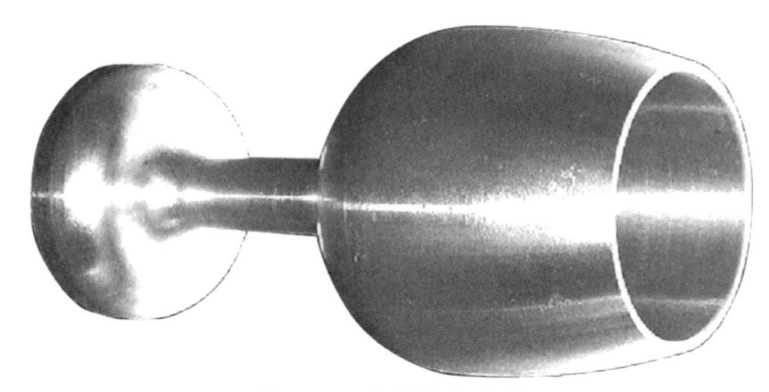

图 5-26　椭圆内孔零件

根据 FANUC PICTURE 人机界面开发方法，设计椭圆内孔加工人机界面开发流程；按照开发流程图，开发出椭圆内孔加工高效人机界面。经数控机床实践检验，在相同条件下，采用椭圆内孔加工人机界面大大缩短了编程时间，提高了编程效率，与宏程序手工编程相比，效率提高 40%左右；与 MasterCAM 软件自动编程相比，效率提高 1.5 倍以上。

5.4　数控宏程序在刀具补偿中的开发应用

在数控加工中心上加工零件时，数控操作者首先要进行对刀操作，通常的操作方法是通过试切法或者机外对刀仪来测量刀具的长度和半径值，并将对刀后的坐标数据值输入到数控系统的坐标偏置寄存器 G54～G59 当中，确定了工件坐标系后，才能完成零件加工前的对刀操作。但是，试切法对刀可能会划伤工件表面，从而引起工件报废，并且对刀时间较长，对刀精度较低。虽然机外对刀仪速度较快，也不划伤工件，但价格贵，增加了生产成本。针对上述问题，结合 FANUC 0i MATE 数控系统的编程指令和雷尼绍测头，采用 G31 跳转指令，设计编写用户宏程序进行刀具长度自动测量，可以将刀具长度值直接输入到刀偏表中，非常方便，能解决数控加工中长度补偿的实际问题。

5.4.1 刀具长度补偿的宏程序设计

通常编写一般宏程序时只用局部变量实现赋值和运算，但在读写 CNC 运行过程中各种数据时，需要用到 FANUC 的系统变量。系统变量有只读的，也有可读写的。比如＃3901 是用于已加工零件计数的，如果在 MDI 方式下输入＃3901＝100，然后执行，则已加工零件的计数就变成 100。系统变量有很多功能，用系统变量可以读和写刀具补偿值，在编写刀具长度自动测量时用到的系统变量，如表 5-7 所示。

表 5-7 刀具长度补偿相关的系统变量

补偿号	刀具长度补偿(H)		刀具半径补偿(D)	
	外形补偿	磨损补偿	外形补偿	磨损补偿
1	＃11001(＃2201)	＃1001(＃2001)	＃13001	＃12001
200	＃11201(＃2400)	＃10201(＃2200)		
400	11400	10400	＃13400	＃12400

实际应用时，具体使用的系统变量根据所使用的刀具数量及刀补数量确定，有时还要将刀具长度分为与外形有关的补偿和与刀具磨损有关的补偿，这样需要的系统变量数会更多。而当刀库容量小或者需要的刀补数少时，只使用变量＃2001～＃2400 就足够了。

在使用跳转功能 G31 时，还需要获取刀具当前位置信息，因此，需要用到与位置信息有关的系统变量，如表 5-8 所示。表 5-8 中第 1 位代表轴号（1～3)。如前所述，当跳转功能 G31 程序段中跳转信号接通时，刀具位置就会自动存储在系统变量＃5061～＃5063 中，当 G31 程序段中跳转信号未接通时，这些变量中存储指定程序段的终点值。

表 5-8 刀具位置相关的系统变量

变量号	位置信息	坐标系	刀具补偿	运动时的读操作
#5001～#5003	程序段终点	工件坐标系	不包含	可能
#5021～#5023	当前位置	机床坐标系	包含	不可能
#5041～#5043	当前位置	工件坐标系	包含	不可能
#5061～#5063	跳转位置信号	工件坐标系	包含	可能
#5081～#5083	刀具长度补偿			不可能
#5101～#5103	伺服位置偏差			不可能

程序的设计思路用流程图表示如图 5-27 所示。

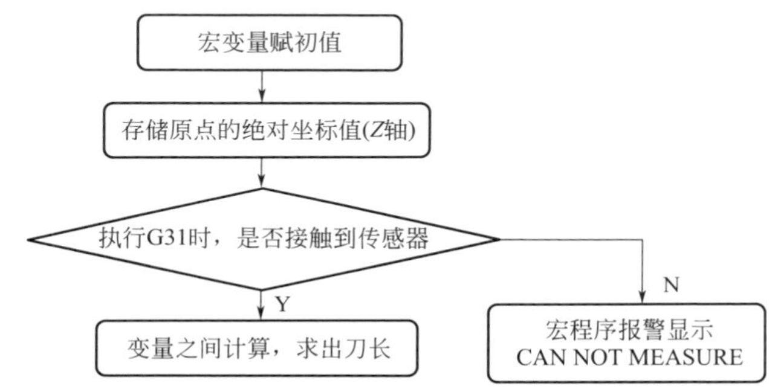

图 5-27 长度补偿宏程序流程图

编写的宏程序 O7011 如下：

```
O7011;
N2  #31=#4003;(将系统变量赋值给#31)
N3  #32=#4109;(将进给变量赋值给#32)
N4  #1=300;(将 300 赋值给#1,为原点与趋近点的距离)
N5  #2=100; (将 100 赋值给#2,传感器与趋近点的距离)
N6  G28 G91 Z0;
N7  #4=#5003;(将#5003 赋值给#4,存储原点的绝对坐标值)
N8  G00 G90 G53 X200.0 Y150.0;(X、Y 轴移到传感器上方)
N9  G91 G43 Z-#1 H#11;(Z 轴下降到趋近点)
N10  #5=#5003-#2;(计算传感器上面绝对坐标值,并将此值赋给#5)
N11  G31 Z-[#2*2] F300;(测量)
N12  G00 G90 G49 Z#4;(Z 轴退回)
N13  #6=#5063-#[11000 +#11 ];(到传感器时的绝对坐标)
N14  IF[#6 LE[#5-#2]]GOTO18;(接触到传感器转到 N18 )
N15  #[ 1000 +#11]=#5063-#5;(求刀具长度补偿)
```

```
N16  G#30 G#31 F#32;
N17  M99;
N18  #3000=1 (发出报警信号 CAN NOT MEASURE);
```

5.4.2 刀具长度补偿的测量过程

在加工中心工作台上安装接触式传感器测头，编制刀具长度的测量程序，在程序中要指定刀具使用的偏置号。在自动方式下执行该程序，使刀具与传感器接触，从而测出其与基准刀具的长度差值，并自动将该值填入程序指定的偏置号中。刀具测量的基本原理是利用系统的跳步功能：G31 Zx x x Fx x x（与 G01 的动作相同）。但如果此时 SKIP 信号由“0”变为“1”，*Z* 轴将停止运动，再用宏程序控制坐标轴后退，然后再次触碰量块，反复测量并计算后得出刀具的实际长度，最后修改系统宏变量从而达到修改刀补值的目的。测量原理如图 5-28 所示。

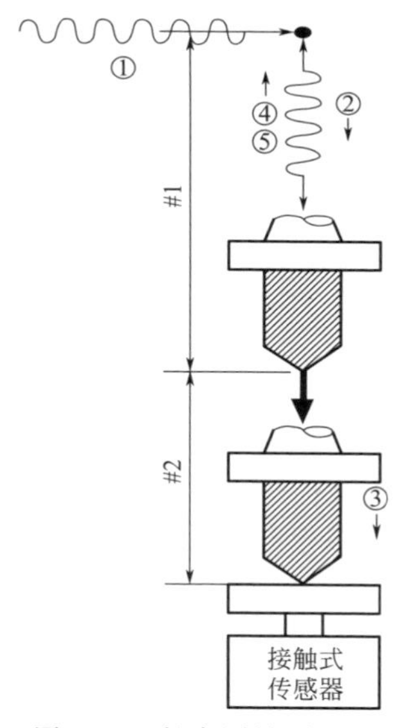

图 5-28　长度测量原理图

① 把 *X*、*Y* 轴移动到测量位置上。

② 使用当前设定的刀具长度补偿量，*Z* 轴下降 #1 的距离。

③ 用跳转进给功能，把 *Z* 轴移动 2 倍 #2 的距离，跳转信号来自接触式传感器测头，当接触到传感器时系统内部 SKIP 信号由“0”变为“1”（此信号不经过 PMC，直接传入 CNC）。

④ 测量后，Z 轴返回到测量开始点。

⑤ 计算刀具长度补偿量，写入相应的刀具补偿存储器中。

为了验证程序自动测量的正确性，编制确认程序进行验证，如图 5-29 所示。将接触式传感器固定在机床工作台上，其中心在机床坐标系中的位置为 X200、Y150，将其检测接口与 PLC 的输入端连接，输入信号（SKIP）的地址是 X4.7。加工中心上安装有两把刀，1 号刀的长度为 100mm，2 号刀的长度为 120mm。先将 1 号刀换到主轴上，作为标刀进行对刀，以传感器上表面为 Z 向零点，再将 2 号刀换到主轴上，用测量宏程序通过实验测量 2 号刀的长度补偿值。实验过程中，数控系统得到 PLC 的触发信号，即 SKIP 信号由“0”置“1”时，G31 指令便会发生跳转，紧接着由测量宏程序自动完成 2 号刀具长度补偿值的测量。

图 5-29　长度测量原理图

① 在 1 号刀具长度补偿地址中，输入测量前的刀具长度补偿量 100.0。

② 执行下列程序，确认动作。

```
 O7001;
N10  G2891X0Y0;
N20  G54X0Y0Z130;
N30  G65P7011H1;
N40  M30;
```

③ 若用 G31 指令下降 Z 轴，当刀具接触到传感器表面时，输入跳转信号。

④ 程序结束后，查看刀具补正画面。检查 1 号长度补偿地址中设定的刀具长度补偿量是否正确。

数控加工过程中为了提高加工效率，一般多一次装夹多件零件进行加工，在加工过程中为了保证产品的最后加工质量，需要对刀具进行长度检测、磨耗检测。本例为某大型代工企业一次装夹 10 个零件，检测装夹 200 件零件后的刀具长度及磨耗情况，如长度值超过 0.005mm，发出报警信息，提示换刀。开粗刀不检测，精加工刀具进行检测。

编写的宏程序如下：

```
O5050;(刀具长度保护,刀具磨损保护程序)
#757=#11007;
#957=#11007;
#801=#801+1;
#802=20;(每隔 20 个加工零件测刀一次)
#701=1;(刀具号)
#702=2;
#703=3;
#704=0;
#806=FIX[#888]; (#888 手动输入 1.21,#888=1.01)
IF[#806EQ1] GOTO1001;
IF[#806EQ3] GOTO1002;(测试基准程序,判断是否成立)
IF[#801GE#802]GOTO1000;
#790=1;
N1005;
IF[#[11000+#790]]NE[#[950+#790]]GOTO1006;(备份刀长与第二个备份
                                             不相等,跳转至 1006 号)
#790=#790+1;
IF[#790LE4]GOTO1005;(检查 21 把刀具长度)
M99;
N1000;
#790=0;
N2000;
#790=#790+1;
T[#[700+#790]]M6;
G9105T[#[700+#790]]B110;
IF[#790LE2]GOTO2000;
#790=1;
```

```
N3000;
#791=ABS[#[11000+#790]];
#792=ABS[#[750+#790]];(备份刀长)
#793=ABS[#791-#792];
IF[#793GE0.005]GOTO4000;(刀长磨损长度超过0.005mm,跳转到4000号)
#790=#790+1;
IF[#790LE4]GOTO3000;
#801=0;
#790=1;
N1011;(将目前刀长备份到另一个变量中)
#[950+#790]=#[11000+#790];
#790=#790+1;
IF[#790LE4]GOTO1011;
M99;
N1001;(实现对刀宏程序调用)
#807=[[#888-1]*100];(0.01×100=1)
T#807M6;(换1号刀)
G910S1T#807B110;(调用对刀仪宏程序,S1对刀,B110基准系数)
#[750+#807]=#[11000+#807];(750为备份的第一个刀具长度,测磨损用)
#[950+#807]=#[11000+#807];(备份刀长)
#888=0;(刀长检测完成,数据归零)
M30;
N1002;
#807=[[#888-3]*100];(计算刀号)
T#807M6;
G9108S3 T#807 B110;(S3测基准,将现有刀长和基准比较,测差值)
#[750+#807]=#[11000+#807];
#[950+#807]=#[11000+#807];
#888=0;
M30;
N1006
T#790M6;换刀
G910 S1 T#790 B110;(重新执行对刀命令)
#[950+#790]=#[11000+#790];
GOTO1005;
N4000;(刀具磨损,数控机床发出报警信号)
GOTO#790;
```

```
N1;
#3000=1;(T1 磨损,数控机床报警显示)
N2
#3000=1;(T2 磨损,数控机床报警显示)
N3;
#3000=1;(T3 磨损,数控机床报警显示)
N4;
#3000=1;(T4 磨损,数控机床报警显示)
N5;
#3000=1;(T5 磨损,数控机床报警显示)
N6;
#3000=1;(T6 磨损,数控机床报警显示)
N7;
#3000=1;(T7 磨损,数控机床报警显示)
N8
#3000=1;(T8 磨损,数控机床报警显示)
N9;
#3000=1;(T9 磨损,数控机床报警显示)
N10;
#3000=1;(T10 磨损,数控机床报警显示)
N11;
#3000=1;(T11 磨损,数控机床报警显示)
N12;
#3000=1;(T12 磨损,数控机床报警显示)
%
```

5.5 数控宏程序在批量数控铣削加工在线测量中的应用

5.5.1 批量数控铣削加工中在线测量方法

在数控加工中，为了提高加工效率，减少换刀次数，减少空行程时间，多采用批量零件组合夹具加工方式进行数控铣削加工。

如图 5-30 所示的轴套零件，可利用数控铣床或加工中心机床的 G54～

G59 等工件坐标系，在数控铣床上使用组合夹具，同时装夹 6 个相同零件进行批量生产加工。一次性在机床上装夹 6 个零件，如图 5-31 所示。使用相同的数控加工工艺、粗精加工程序和刀具进行加工，其优点是减少拆下批量零件后需要先分别标注相应的工位号，再安装三维检测设备进行检测的繁杂过程，降低以上重复装夹产生的定位误差等，从而提高批量数控铣削加工制造的精度和生产效率。由于同一刀具需要运行 6 次同样的数控程序，加工 6 个相同的零件，数控铣削刀具磨损加剧，从而影响后续零件的加工精度和表面质量，有可能导致零件报废。使用在线检测方法则能快速检测零件精度。

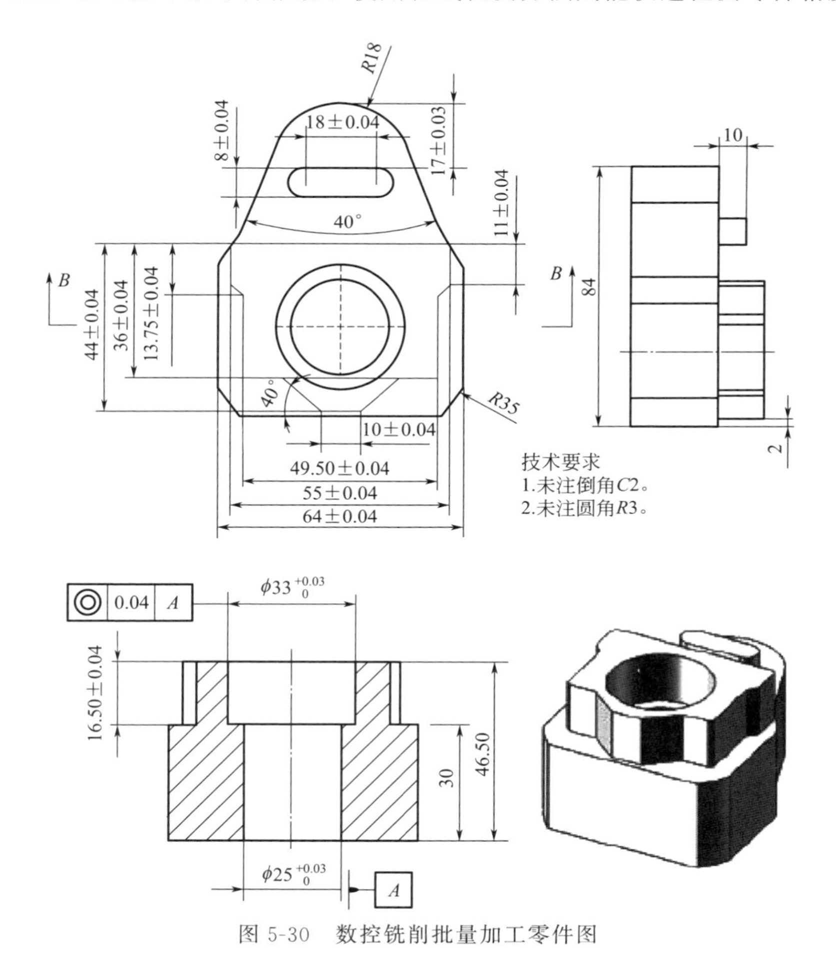

图 5-30　数控铣削批量加工零件图

传统的批量加工制造过程中检测一般与加工过程分开进行，零件加工精度检测都是在零件从机床上完成加工后，再将零件送检。随着智能制造技术的快速发展，企业现代智能制造的水平在不断提升，现行的制造—搬运—检测流程由于在检测过程中需要进行二次甚至多次装夹，装夹过程中的重复定位精度难保证，零件的精度一致性受到影响，同时生产效率较低，无法满足市场快速响应的需求。而数控加工在线检测则可以在零件完成加工而没有拆下机床时进行现场尺寸测量，在线检测方式可避免在分工检测方式中由于搬运、多次装夹和重复检测等因素造成的检测误差问题，能最大效率地保证加工精度和产品质量。

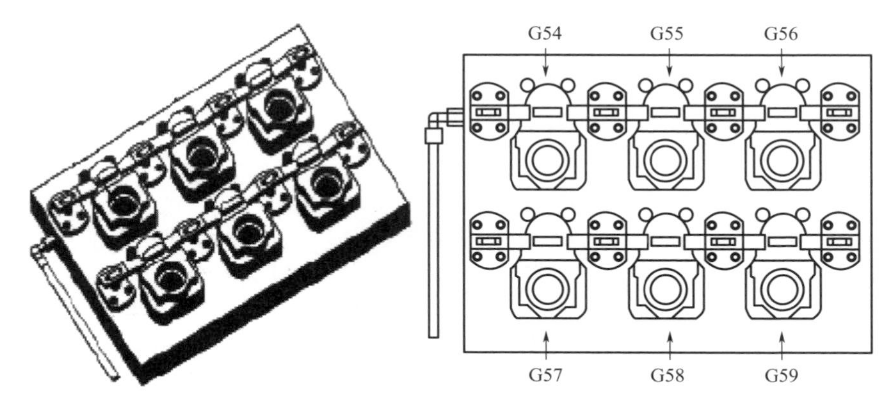

图 5-31　数控铣削批量装夹图

5.5.2　批量数控铣削加工中在线测量流程图设计

如图 5-32 所示，接触触发式测头移动至相应的测量零件指定形状特征处，轴套零件主要测量特征为配合孔，测头定位至相应工件坐标系（G54～G59），执行测头内嵌指令程序，对圆孔内部的 4 个弧边点或 6 个圆弧点进行检测操作，当测头与圆孔内部弧边点接触时，测头程序存储当前测头所在的位置坐标，将测量数据反馈给数控系统，数控系统经过计算，最终测得圆

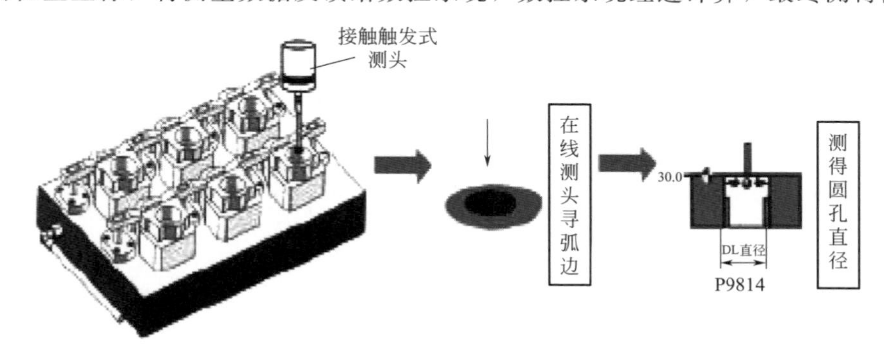

图 5-32　数控铣削批量检测图

孔直径数据值，使用测头前必须先对测头的偏移值及安全高度值进行校正处理，在机床上精确找到环规的圆心位置坐标值，对测头测针的偏移量和测球进行标定，对测针长度进行标定，将偏移值存储于数控系统中，然后根据检测模具零件形状设定垂直抬刀至安全位置的 Z 轴准备高度数值。根据在实际测量过程中数控加工使用的球形铣刀与测头的相似性，将测头作为球形铣刀的其中一把刀具进行设置，测头作为数控加工中心的其中刀具之一在编程时进行调换，需对应设定好刀具号如 2 号刀，同样使用 2 号刀具的长度补偿指令进行测头探针长度补偿值设定。

数控铣削加工中的流程图设计如图 5-33 所示。

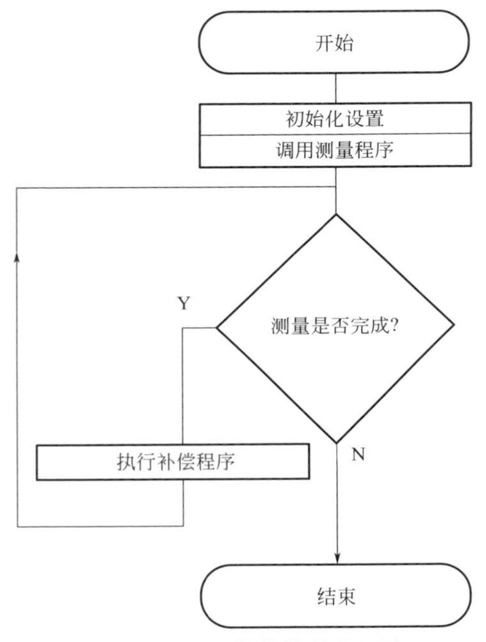

图 5-33　批量数控铣削流程图

对数控铣削加工中的坐标变量参数进行设计。其变量设计参数如表 5-9。

表 5-9　批量铣削加工中宏程序的变量及参数

#601	标定当前 X、Y 坐标值	#603	标定当前 X、Y 坐标值
#602	标定当前 X、Y 坐标值	#604	标定当前 X、Y 坐标值
#138	当前测算结果与 ϕ33mm 的差异值		

5.5.3 批量数控铣削加工中在线测量宏程序编写

批量加工在线检测的宏程序编制，针对轴套零件加工过程中精度要求较高的加工部位和几何特征，通过软件编制测头的检测宏程序，生成测头动作程序，使测头对 6 个零件中的一个几何特征进行检测，再经过 6 个零件的检测误差比较，即可快速测算出刀具半径的磨损情况。轴套零件顶部为装配精度较高的 ϕ33mm 轴承套配合孔特征，通过软件编制在线检测宏程序，对 ϕ33mm 配合孔特征进行检测，通过测头专用数据传输接口将触发的检测信号传输至测头内部转换存储器内，对该触发点位坐标进行存储，并与标准坐标值比对生成 6 个零件圆孔的加工误差值。UG 软件的测量宏程序包开发了不同的宏程序，其中 P9810 和 P9811 则用于工件的三维坐标值测量。应用不同的数控机床以及相应的数控系统，需调用对应的宏程序包及后处理文件，生成相应格式的程序。实践中在 FANUC 数控机床上，将测头装夹在刀库中的 2 号刀座中，针对 6 个零件的圆柱孔几何特征进行在线检测。其主要程序及宏程序调用如下：

```
%
O5050;
N10  G91G28Z0;
N20  G90G0G17G40G49G69G80;(以上为 FANUC 机床的通用开头程序)
N30  M06T2;(测头装在 2 号刀座)
N40  G90G00G54X0.0Y0.0Z50.0;(快速定位至组合装夹零件上方)
N50  M19;(主轴定位)
N60  M05;(主轴停止转动)
N70  M17;(打开测头连线,准备进行测量通信)
N80  G43112Z50.0;(建立测头探针长度补偿)
N90  G65P9810X0.0 Y0.Z30.F200.0;(安全运动到零件圆柱孔中心上方)
N100  G65P9814D33.Z-5.0F100.0;(对第一个零件圆柱孔进行检测,一个指令中
                                包括了 4 个检测动作)
N110  #601=#142;(标定当前 X、Y 坐标值,记录第一条弧边点的测量值)
N120  #602=#142;(标定当前 X、Y 坐标值,记录第二条弧边点的测量值)
N130  #603=#143;(标定当前 X、Y 坐标值,记录第三条弧边点的测量值)
N140  #604=#144;(标定当前 X、Y 坐标值,记录第四条弧边点的测量值)
N150  #138=D33;(赋值给#138,标准为 φ33mm,反馈显示当前测算结果与 φ33 的
                 差异值)
```

```
N160  G65P9811 Z30.0F2000.0;( 检测结束,快速回到准备高度)
N170  M99;(结束检测宏程序调用)
N180  M18G40;(取消主轴定位,取消测头长度补偿)
N190  G91G28Z0;
N200  M30;(程序结束)
%
```

宏程序在运行时，$Z30$ 为测量准备高度，$Z-5.0$ 则为测量时的工作高度。通过依次将程序中的坐标系定位指令 G54 改为 G55、G56、G57、G58 和 G59，将程序运行 6 次，即可完成对 6 个批量装夹零件的圆柱孔检测。

第6章

雷尼绍测头使用方法及应用

6.1 雷尼绍工件测头标定

（1）测头检查

工件测头检查，主要是检查工件测头是否已准备就绪。测头起始位置和测头路径如图 6-1 所示。

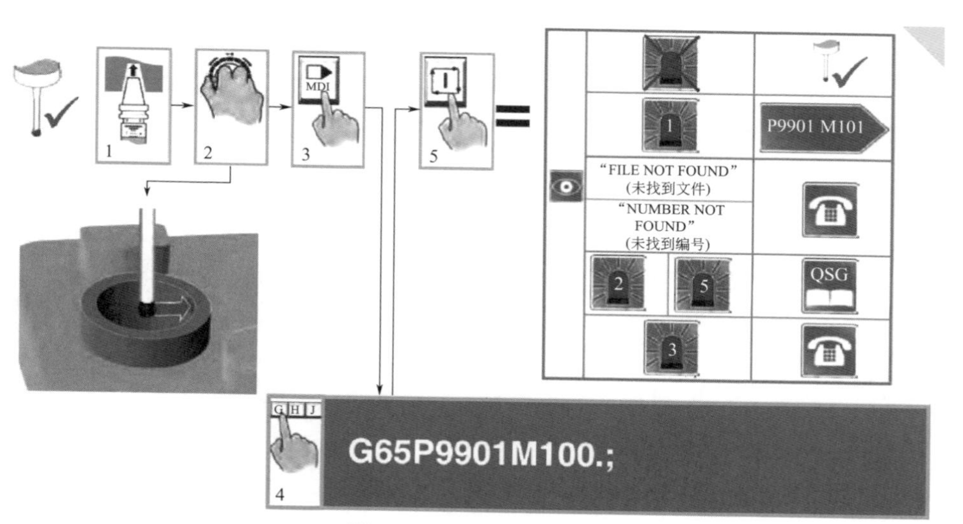

图 6-1 工件测头检查图

工件测头检查可确保：

① 已加载 GoProbe 循环。

② 可开启和关闭测头。

③ 接口正在工作。

④ 跳转功能正在执行（当测针偏折且测头被触发时机床停止）。

⑤ 可通过检查标定数据是否落在预期参数范围内，对测头进行标定。

⑥ 检查测针径向跳动。

（2）工件测头环规标定

① 使用环规标定工件测头。

② 仅在 X 轴和 Y 轴上进行标定。对于工件测头长度标定，应使用 M103 或 M104。

③ 测头起始位置和测头路径如图 6-2 所示。

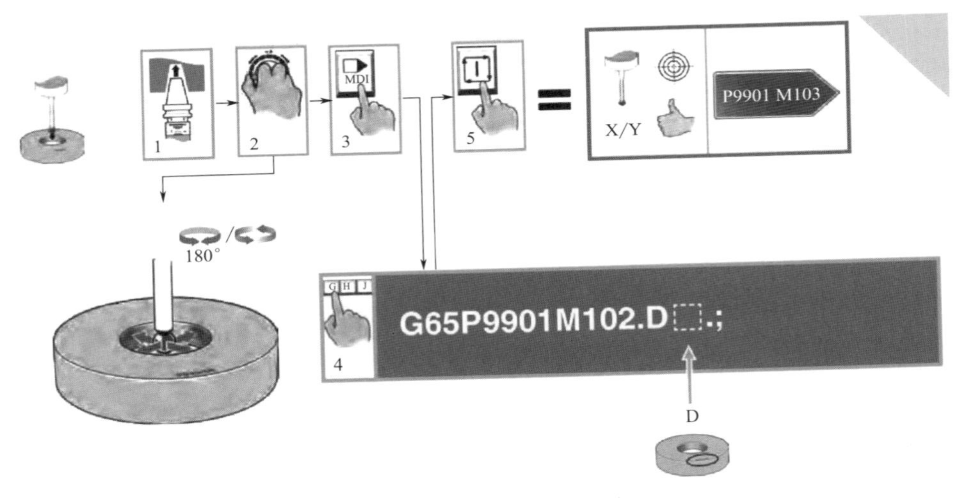

图 6-2 工件测头环规标定

工件测头环规标定必须输入：D=环规的精确直径。

可选输入：B=工件测头测球的直径，Q=过行程距离；V1. =矢量标定。

（3）工件测头标准长度标定

工件测头标准长度标定如图 6-3 所示。

工件测头标准长度标定必须输入：Z=参考表面位置。

工件测头标准长度标定可选输入：B=工件测头测球的直径，Q=过行程距离。

第 1 步：在适当的 WCS 上准确确定平面的 Z 轴参考位置，并将工件测头装入主轴。

第 2 步：激活 WCS 并通过点动将测头移至 Z 轴参考位置上方约

10mm 处。

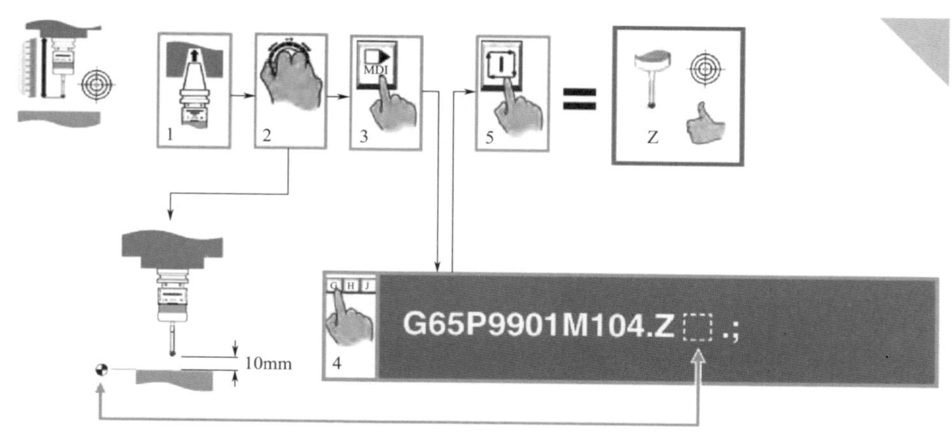

图 6-3　工件测头标准长度标定

第 3 步：按下 MDI。

第 4 步：插入带有 Z 轴参考位置的单行命令。

第 5 步：按下“循环开始”。

（4）工件测头标准球标定

工件测头标准球标定需要使用标准球标定工件测头，标定 X 轴和 Y 轴以及工件测头长度，测头起始位置和测头路径如图 6-4 所示。

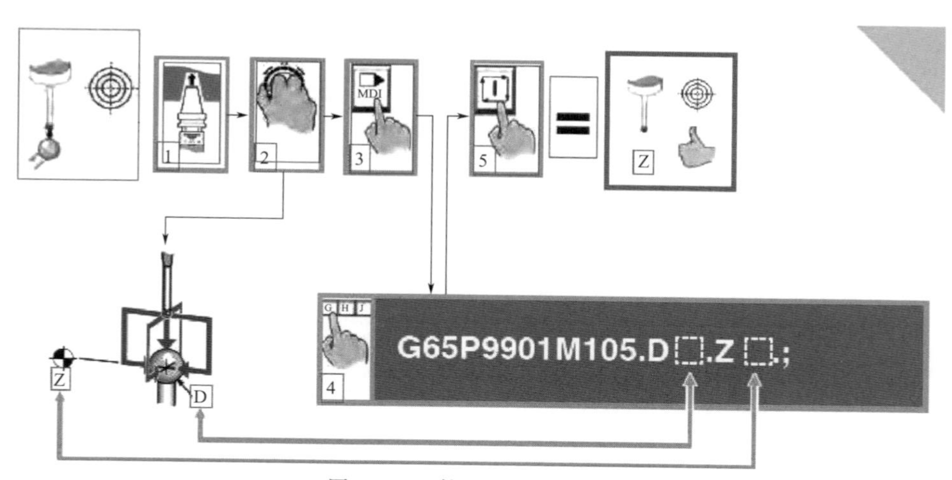

图 6-4　工件测头标准球标定

工件测头标准球标定必须输入：D＝标准球的精确直径；Z＝精确的标准球中心的 Z 轴参考位置。

工件测头标准球标定可选输入：B＝工件测头测球的直径；Q＝过行程距离。

第 1 步：在适当的 WCS 上准确确定标准球的 Z 轴参考位置，并将工件测头装入主轴。

第 2 步：激活 WCS 并通过点动将测头移至标准球上方约 10mm 处。

第 3 步：按下 MDI。

第 4 步：插入单行命令。

第 5 步：按下“循环开始”。

6.2 手动找正工件

6.2.1 手动找正工件概述

手动工件找正循环的关键点：

① 用户手动（点动）将测头移至距离特征约 10mm 的起始位置。

② 在 MDI 模式下手动输入单行命令。

③ S 输入定义要设定的 WCS。如果没有选择 S 输入，测量会继续进行，但是不会设定 WCS。

④ 设定 WCS 的位置取决于要测量的特征以及测头的起始位置。

⑤ 循环结束时，测头返回起始位置。

手动找正工件输入的格式为：

G65P9901	M□.A□.D□.E□.W-□.S□.;

其各输入参数的测量含义如图 6-5 所示。

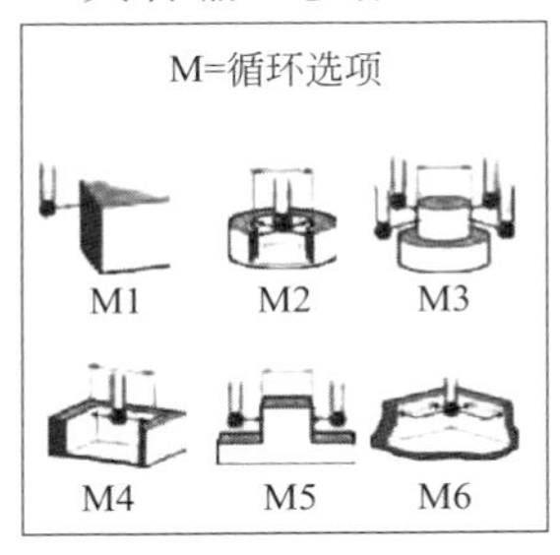

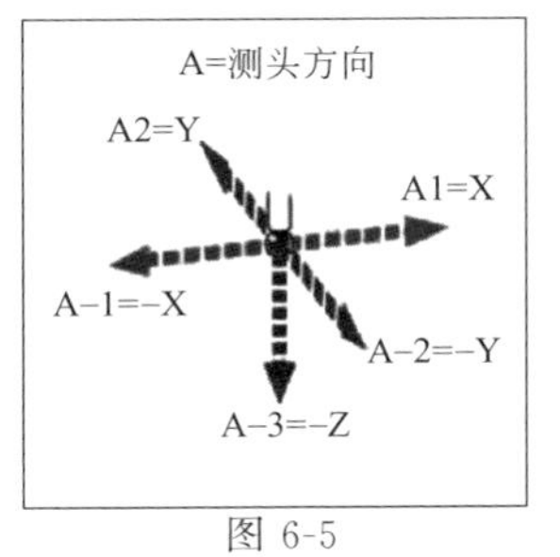

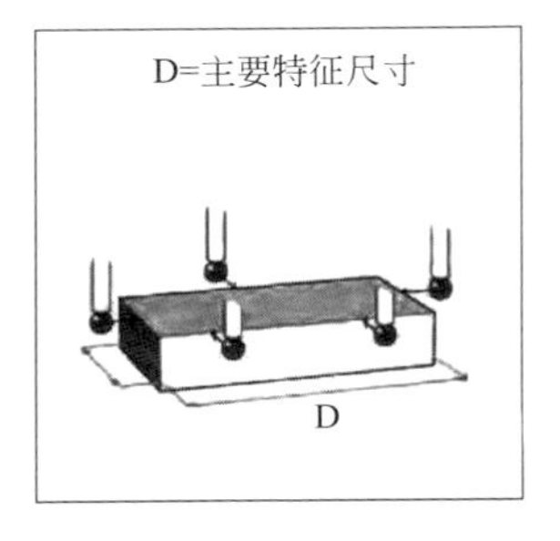

图 6-5

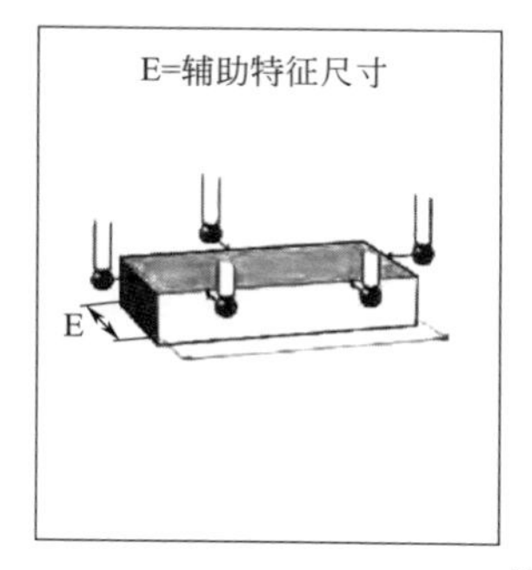

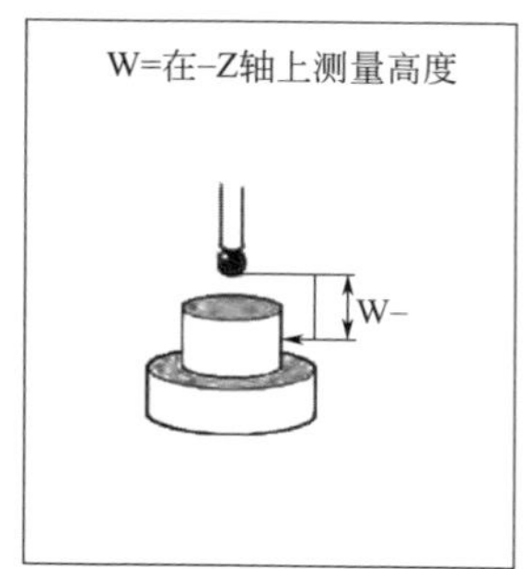

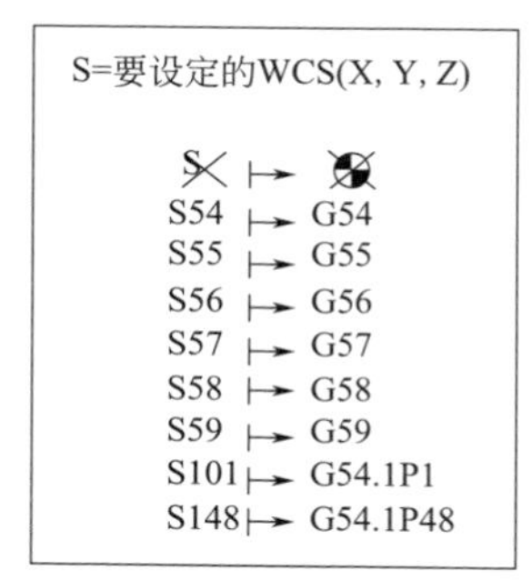

图 6-5　手动测量工件参数含义

输出参数如图 6-6 所示。

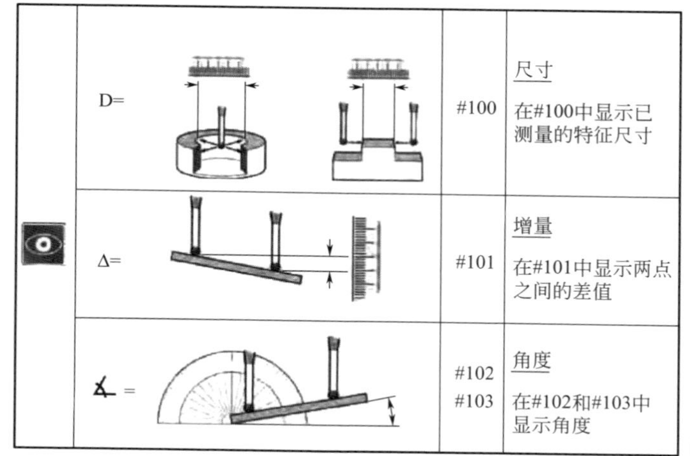

G54		
X	√	在*X*轴上设定G54
Y	√	在*Y*轴上设定G54
Z	√	在*Z*轴上设定G54

图 6-6　手动测量工件输出参数含义

循环参数分类如图 6-7 所示。

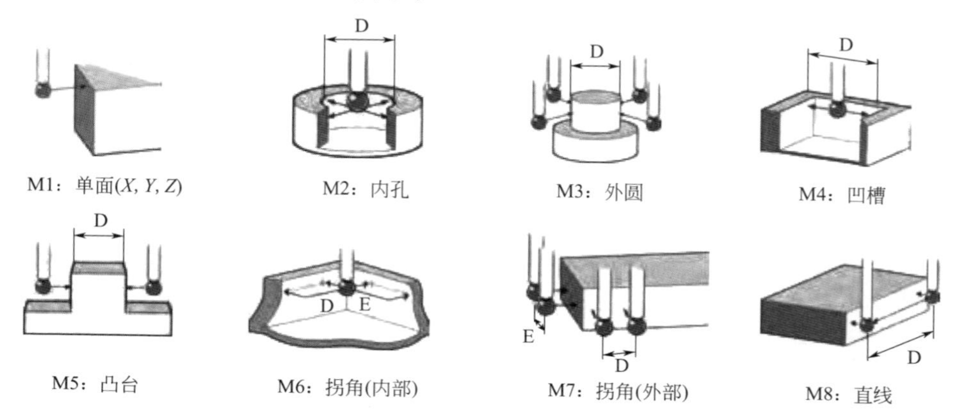

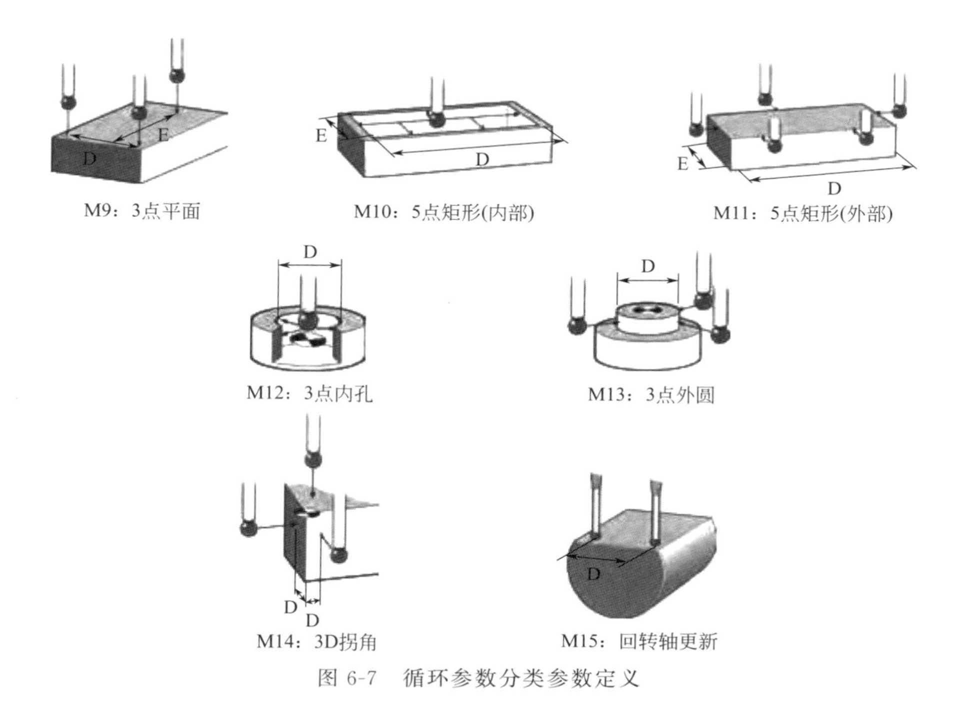

图 6-7 循环参数分类参数定义

6.2.2 手动单面找正工件

① 将 WCS 设定在表面的 Y 轴上。

② 测头起始位置和测头路径如图 6-8 所示。

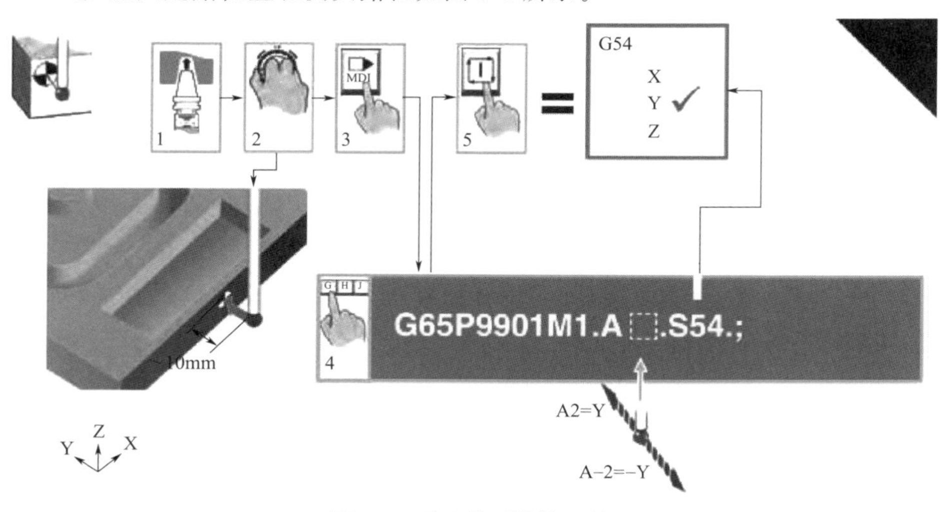

图 6-8 手动单面测量 Y 轴

单面测量必须要输入的参数为：A＝决定测头将移动的方向；S＝设定工件偏置（例如 S54＝G54）；同理可测量 Z 轴等。

6.2.3 手动内孔找正工件

① 将 WCS 设定在内孔中心上。

② 在＃100 中显示测量尺寸。

③ 测头起始位置和测头路径如图 6-9 所示。

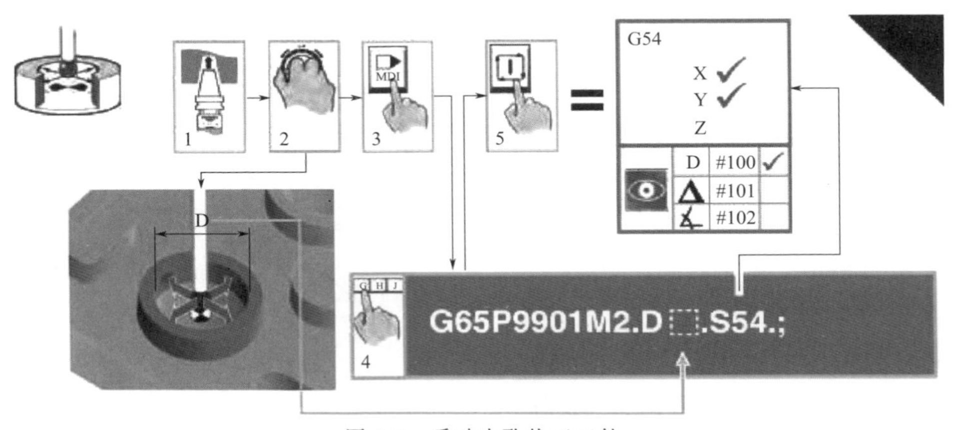

图 6-9 手动内孔找正工件

手动内孔找正必须输入：D＝内孔直径；S＝设定工件偏置（例如，S54＝G54）。

手动内孔找正可选输入：I＝在 X 轴上调整 WCS；J＝在 Y 轴上调整 WCS；Q＝过行程距离；R－＝径向距离（与 W 输入一起使用）；W＝起始位置与测量点之间的－Z 轴距离（与 R－输入一起使用）。

例如：一个矩形工件上内径为 20mm 的内孔，将 WCS 设定在工件的拐角位置。

G65P9901M2. D20. I15. J15. S54. ;

6.2.4 手动外圆找正工件

① 将 WCS 设定在外圆中心上。

② 在＃100 中显示测量尺寸。

③ 测头起始位置和测头路径如图 6-10 所示。

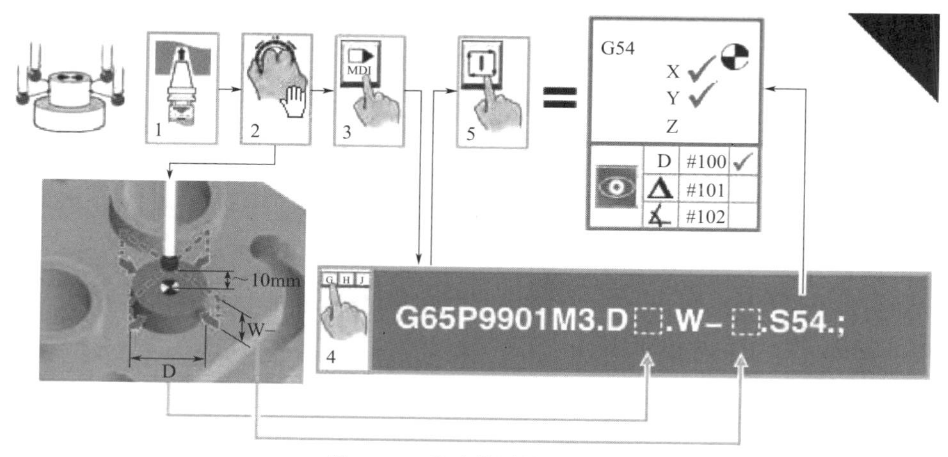

图 6-10 手动外圆找正工件

手动外圆找正工件必须输入：D＝外圆直径；S＝设定工件偏置（例如，S54＝G54）；W＝起始位置和测量点之间的－*Z* 轴距离。

手动外圆找正工件可选输入：I＝在 *X* 轴上调整 WCS；J＝在 *Y* 轴上调整 WCS；Q＝过行程距离；R＝径向间隙。

例如：一个矩形工件上外径为 20mm 的外圆，W 的值为－13mm，并且将 WCS 垂直设定在工件拐角上方的位置。

G65P9901M3. D20. W－13. I15. J15. S54. ；

6.2.5 手动凹槽找正工件

① 将 WCS 设定在凹槽中心的 *X* 轴或 *Y* 轴上。

② 在＃100 中显示测量尺寸。

③ 测头起始位置和测头路径如图 6-11 所示。

手动凹槽找正工件必须输入：A＝决定测头将移动的方向；D＝凹槽在 *X* 轴或 *Y* 轴上的尺寸；S＝设定工件偏置（例如，S54＝G54）。

手动凹槽找正工件可选输入：I＝在 *X* 轴上调整 WCS（如果使用的是 A1）；J＝在 *Y* 轴上调整 WCS（如果使用的是 A2）；Q＝过行程距离；R－＝径向距离（与 W 输入一起使用）；W＝起始位置与测量点之间的－*Z* 轴距离（与 *R*－输入一起使用）。

例如：凹槽的宽度为 30mm，将 WCS 设定在工件的边缘。

G65P9901M4. A1. D30. I20. S54. ；

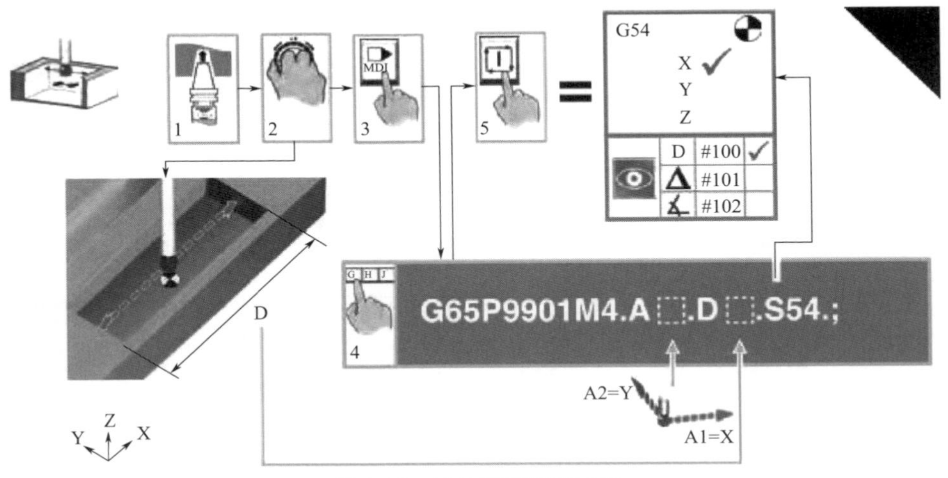

图 6-11 手动凹槽找正工件

6.2.6 手动凸台找正工件

① 将 WCS 设定在凸台中心的 X 轴或 Y 轴上。

② 在＃100 中显示测量尺寸。

③ 测头起始位置和测头路径如图 6-12 所示。

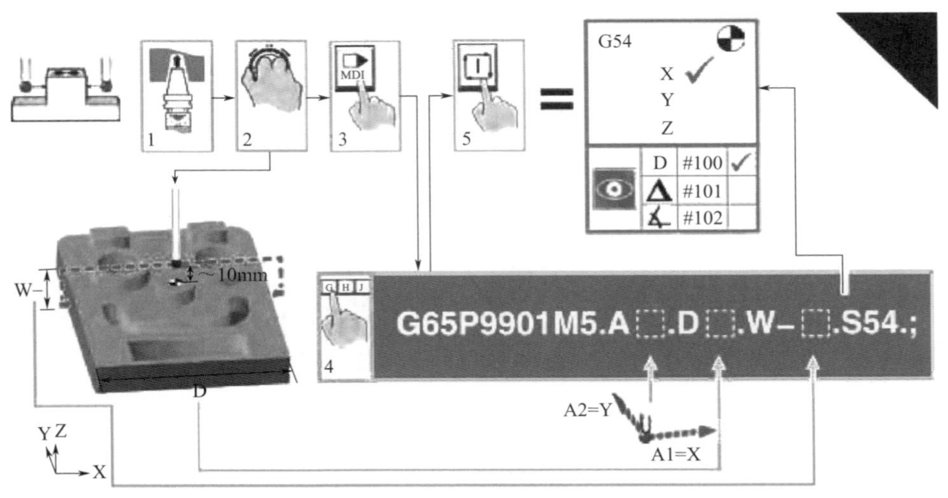

图 6-12 手动凸台找正工件

手动凸台找正工件必须输入：A＝决定测头将移动的方向；D＝凸台在 X 轴或 Y 轴上的尺寸；S＝设定工件偏置（例如，S54＝G54）；W＝起始位置和测量点之间的－Z 轴距离。

手动凸台找正工件可选输入：

I＝在 X 轴上调整 WCS（如果使用的是 A1）；J＝在 Y 轴上调整 WCS（如果使用的是 A2）；Q＝过行程距离；R＝径向间隙。

例如：凸台的长度为 30mm，W 的值为－13mm，并且将 WCS 垂直设定在工件边缘上方的位置。

G65P9901M5. A1. D30. W－13. I20. S54. ；

6.3 自动找正工件

6.3.1 自动找正工件概述

自动工件找正循环的关键点：

① 生效 WCS 是运行自动工件找正循环的前提。

② 循环自动将测头移至起始位置。X、Y 和 Z 输入决定测头起始位置的坐标。这些坐标均为与生效 WCS 的相对值。

③ 单行命令通常嵌入到切削或测头测量程序中。

④ 为提高效率，可将循环关联在一起。

⑤ S 输入选择要更新的 WCS。如果没有选择 S 输入，测量会继续进行，但是不会更新 WCS。

⑥ 更新选定的 WCS（通常，要更新的选定 WCS 是生效 WCS）。

⑦ 其他可选输入提供一系列测头测量选项。

⑧ 循环结束时，测头返回安全平面或起始（基准）位置——这是由 C 输入决定的。

用户可以利用自动工件找正将测头测量循环嵌入零件切削加工程序中，一些循环可联用，以减少切削过程中手动检查的需要。因此，生产大批量工件的时间将缩短。在加工单个零件时，加工操作人员一般会选择手动工件找正，而在加工大批量的相同零件时，一般会选择自动工件找正。手动和自动工件找正循环的重要差异在于：手动工件找正循环中，循环设定 WCS，而在自动工件找正循环中，则是更新 WCS。

（1）设定近似/生效的工件偏置

通常要设定近似的工件偏置，必须确定起始（基准）位置到 WCS 位置的坐标，这些坐标可以通过简单的手动工件找正循环获得，也可以通过手工测量工具获得。起始基准如图 6-13 所示，设定生效的工件偏置后，则可以确定测头的起始位置。

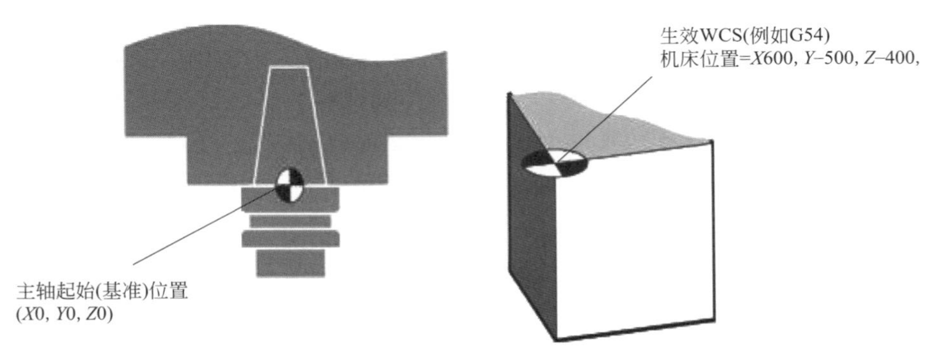

图 6-13　工件偏置基准测试

（2）C0/C1 输入

使用 C0 或 C1 输入意味着工件找正循环将在自动模式下使用。如果未使用 C0 或 C1 输入，那么循环将在手动模式下运行。C0 和 C1 输入都将工件找正测头装入主轴后开启测头；C0 和 C1 输入的区别就在于循环结束时测头的动作不同。

如图 6-14(a) 所示，C0 循环完成后，测头将回退至机床基准位置（起始位置）并关闭；如图 6-14(b) 所示，C1 循环完成后，测头将回退至安全平面位置，并保持开启状态，随时用于下一个测头测量循环。C1 输入一般在将多个测头测量循环联合起来使用时采用，以缩短循环时间。

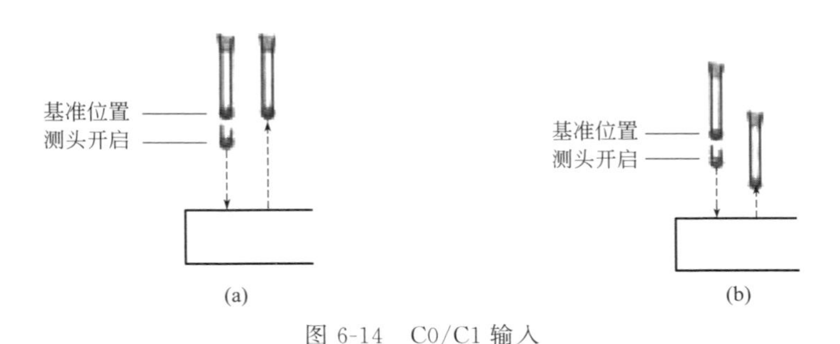

图 6-14　C0/C1 输入

6.3.2　工件自动单面找正循环

如图 6-15 所示为自动单面找正 X 方向，同理可以完成 Y 或 Z 方向的自动单面找正。

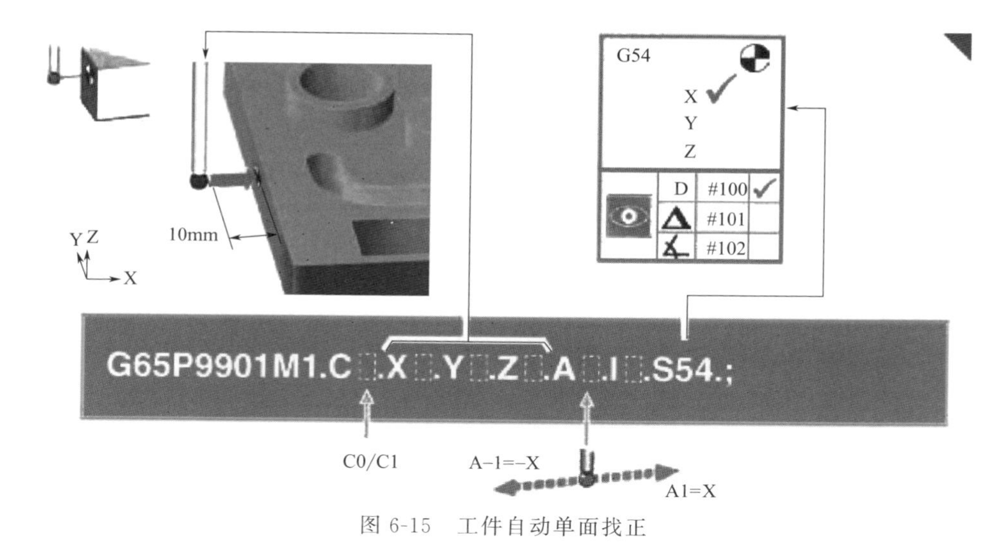

图 6-15　工件自动单面找正

工件自动单面找正必须输入：A＝决定测头将移动的方向；C＝循环选项结束；I＝特征在 *X* 轴上相对于生效 WCS 的位置；S＝更新工件偏置（例如，S54＝G54）；X，Y，Z＝相对于生效 WCS 的测头起始位置。

工件自动单面找正可选输入：H＝尺寸公差（在使用 H 输入时必须省略 S 输入）；Q＝过行程距离；T＝刀补号（在使用 T 输入时必须省略 S 输入）。

例如，一个矩形工件，测头起始位置为 *X*－10，*Y*20，*Z*－5，且 I 的值为零。

G65P9901M1. C0. X－10. Y20. Z－5. A1. I0. S54. ;

6.3.3　工件自动内孔找正循环

如图 6-16 所示为自动单面找内孔。

① 在 *X* 轴和 Y 轴上更新 WCS。

② 在＃100 中显示测量尺寸。

③ 测头起始位置（由 *X*、*Y*、*Z* 输入表示）和测头路径如图 6-16 所示。

工件自动内孔找正必须输入：C＝循环选项结束；D＝内孔直径；S＝更新工件偏置（例如，S54＝G54）；X，Y，Z＝相对于生效 WCS 的测头起始位置。

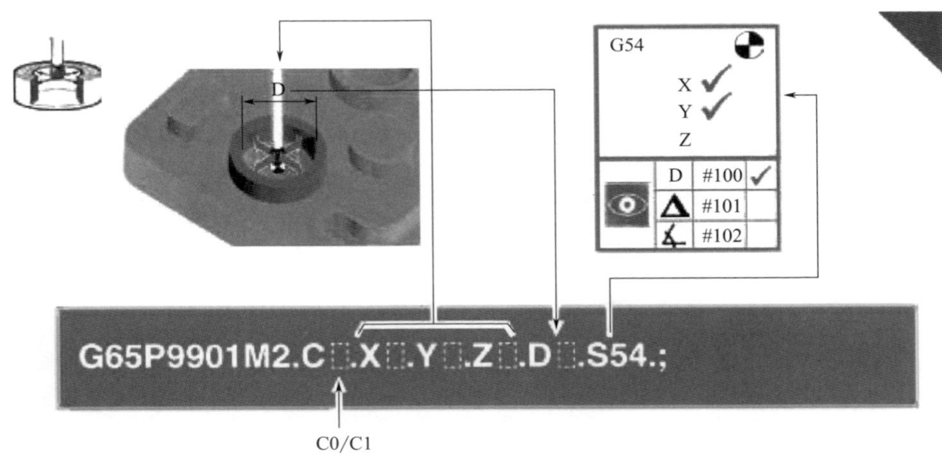

图 6-16　工件自动内孔找正

工件自动内孔找正可选输入：H＝尺寸公差；Q＝过行程距离；R－＝径向距离（与 W 输入一起使用）；T＝刀补号；W＝起始位置与测量点之间的－*Z* 轴距离。

例如，一个中心有内孔的矩形工件，测头起始位置在内孔的中心，位于表面下方 *X*0，*Y*0，*Z*－12 处。

G65P9901M2. C0. X0. Y0. Z－12. D30. S54. ；

6.3.4　工件自动外圆找正循环

如图 6-17 所示为自动外圆找正。

① 在 *X* 轴和 *Y* 轴上更新 WCS。

② 在＃100 中显示测量尺寸。

③ 测头起始位置（由 *X*、*Y*、*Z* 输入表示）和测头路径如图 6-17 所示。

工件自动外圆找正必须输入：C＝循环选项结束；D＝外圆直径；S＝更新工件偏置（例如，S54＝G54）；W＝起始位置和测量点之间的－*Z* 轴距离；X，Y，Z＝相对于生效 WCS 的测头起始位置。

工件自动外圆找正可选输入：H＝尺寸公差；Q＝过行程距离；R＝径向间隙；T＝刀补号。

例如，一个中心有外圆的矩形工件，测头起始位置为 *X*0，*Y*0，*Z*10，且测头起始位置与测量位置在－*Z* 轴的距离为 13mm。

G65P9901M3. C0. X0. Y0. Z10. D30. W－13. S54. ；

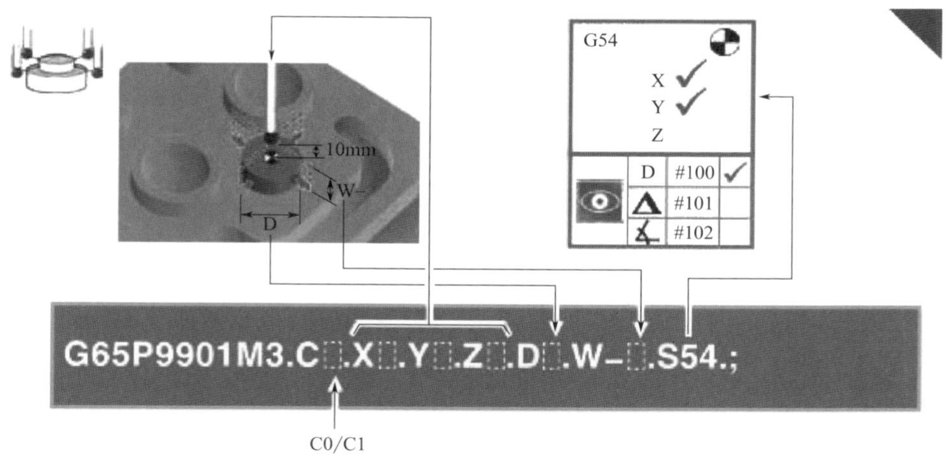

图 6-17　工件自动外圆找正

6.3.5 工件自动凹槽找正循环

如图 6-18 所示为自动凹槽找正。

① 在 X 轴或 Y 轴上更新 WCS。

② 在＃100 中显示测量尺寸。

③ 测头起始位置（由 X、Y、Z 输入表示）和测头路径如图 6-18 所示。

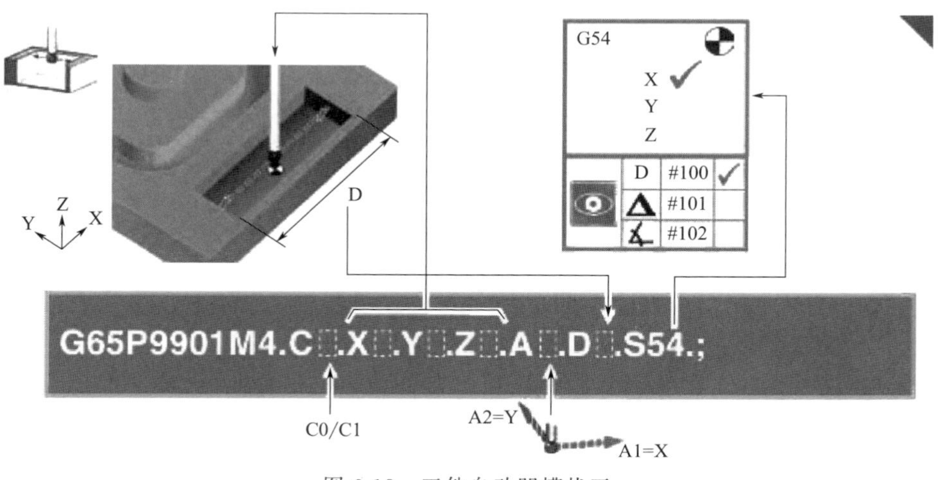

图 6-18　工件自动凹槽找正

工件自动凹槽找正必须输入：A＝决定测头将移动的方向；C＝循环选项结束；D＝凹槽在 X 轴或 Y 轴上的尺寸；S＝更新工件偏置（例如，S54＝G54）；X，Y，Z＝相对于生效 WCS 的测头起始位置。

工件自动凹槽找正可选输入：

H＝尺寸公差；Q＝过行程距离；R－＝径向距离（与 W 输入一起使用）；T＝刀补号；W＝起始位置与测量点之间的－Z 轴距离（与 R－输入一起使用）。

例如，一个中心有凹槽的矩形工件，测头起始位置在凹槽的中心 X25，Y25，Z－12 处。

G65P9901M4. C0. X25. Y25. Z－12. A1. D30. S54. ；

6.3.6 工件自动凸台找正循环

如图 6-19 所示为自动凸台找正。

① 在 X 轴或 Y 轴上更新 WCS。

② 在＃100 中显示测量尺寸。

③ 测头起始位置（由 X、Y、Z 输入表示）和测头路径如图 6-19 所示。

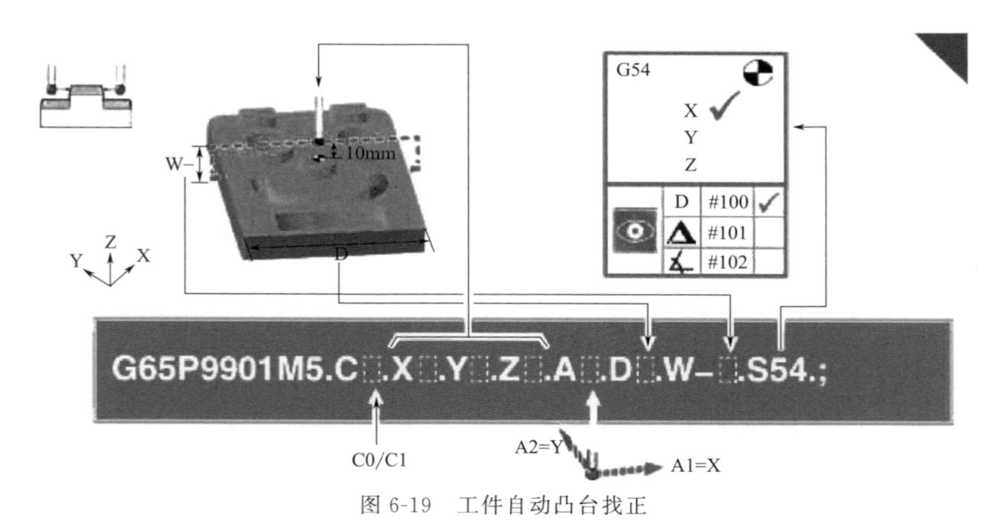

图 6-19　工件自动凸台找正

工件自动凸台找正必须输入：A＝决定测头将移动的方向；C＝循环选项结束；D＝凸台在 X 轴或 Y 轴上的尺寸；S＝更新工件偏置（例如，S54＝G54）；W＝起始位置和测量点之间的－Z 轴距离；X，Y，Z＝相对于生效 WCS 的测头起始位置。

工件自动凸台找正可选输入：H＝尺寸公差；Q＝过行程距离；R＝径向间隙；T＝刀补号。

例如，一个中心有凸台的矩形工件，测头起始位置在凸台中心上方约10mm处，位置为$X12$，$Y12$，$Z20$。

G65P9901M5. C0. X12. Y12. Z20. A1. D15. W－15. S54. ；

6.3.7 工件自动3点平面找正循环

如图6-20所示为自动3点平面找正。

① 更新Z轴上相对于工件表面三个测量点中的最低点的WCS。

② ＃101中显示最高点和最低点之间的差值。

③ 测头起始位置（由X、Y、Z输入表示）和测头路径如图6-20所示。

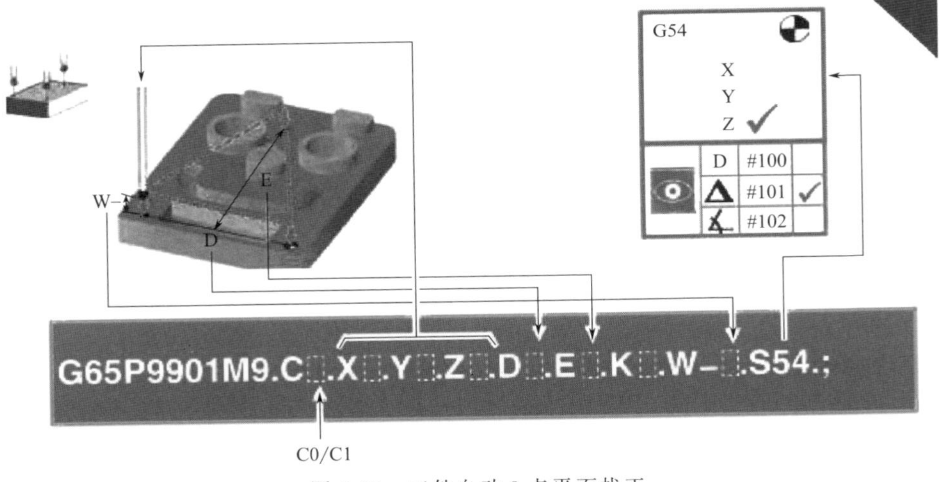

图6-20 工件自动3点平面找正

工件自动3点平面找正必须输入：C＝循环选项结束；D＝X轴上第一和第二个测量点之间的距离和方向；E＝Y轴上第一和第三个测量点之间的距离和方向；K＝特征在Z轴上相对于生效WCS的距离；S＝更新工件偏置（例如，S54＝G54）；W＝起始位置和测量点之间的－Z轴距离（起始位置决定测头越过工件时的高度）；X，Y，Z＝相对于生效WCS的测头起始位置。

工件自动3点平面找正可选输入：F＝更改设定WCS的标准；无F输

入＝将 WCS 设定在三个测量点中的最低点；F1＝将 WCS 设定在三个测量点中的平均点；F2＝将 WCS 设定在三个测量点中的最高点；H＝尺寸公差；Q＝过行程距离。

例如，3 点平面，测头起始位置位于工件上方，在包含所有三个测量点的平面上的任意点处，起始位置在 $X-20$，$Y-10$，$Z10$ 处。

G65P9901M9. C0. X－20. Y－10. Z10. D40. E20. K0. W－10. S54. ；

参考文献

[1] 张瑞林. 在线检测技术在数控机床中的研究与应用 [J]. 设备管理与维修，2018（22）：157-159.

[2] 张晓峰. 数控机床在线检测技术 [J]. CAD/CAM与制造业信息化，2005（12）：69-71.

[3] 鲁淑叶. 数控测头测量功能宏程序的研究 [J]. 机床与液压，2017，45（14）：169-171，180.

[4] 严瑞强. 基于FANUC PICTURE椭圆内孔加工人机界面开发及应用 [J]. 机床与液压，2019，47（10）：67-69.

[5] 严瑞强，楚功，等. 基于FANUC PICTURE椭圆型腔人机界面开发及应用 [J]. 实验室研究与探索，2018，37（09）：36-39.

[6] 朱宏伟. 基于FANUC用户宏程序的刀长测量程序设计 [J]. 机床与液压，2012，40（02）：92-94，114.

[7] 蒙斌，吴凡. 基于宏程序的刀具长度自动测量 [J]. 机械设计与制造，2018（12）：192-194，198.

[8] 严瑞强，肖善华，袁永富. 基于宏程序的正八边形倒角及过渡编程设计 [J]. 机械工程与自动化，2018（05）：166-167，170.

[9] 俞涛. 对非圆曲线宏程序模块化编程的研究 [J]. 广西轻工业，2009，9（49）：58-59.

[10] 顾京. 数控加工编程及操作 [M]. 北京：高等教育出版社，2003.

[11] 龙光涛. 数控铣削（含加工中心）编程与考级 [M]. 北京：化学工业出版社，2006.

[12] 陈海舟. 数控铣削加工宏程序及应用实例 [M]. 北京：机械工业出版社，2008.

[13] 古玉红. 数控铣削加工技术 [M]. 北京：北京理工大学出版社，2006.

[14] 陈洪涛. 数控加工工艺与编程 [M]. 北京：高等教育出版社，2003.

[15] 张岳. 航发叶片七轴联动数控砂带磨削加工方法及自动编程关键技术研究 [D]. 重庆：重庆大学，2012.

[16] 杨旭东. 数控车削加工自动编程系统关键技术的研究与实现 [D]. 南京：南京航空航天大学，2003.

[17] Bruhn，Gerhard W. No energy to be extracted from thevacuum [M]. Institute of Physics Publishing，Bristol，BS1 6BE，United Kingdom. 1 Nov 2006.

[18] 匡海滨. 一种二次曲线的编程方法 [J]. 机械加工（冷加工），2004（10）：81.

[19] 冯志刚. 数控宏程序编程方法、技巧与实例 [M]. 北京：机械工业出版社，2010.

[20] 吴镜平. 浅谈基于宏程序加工椭圆类零件的方法 [J]. 职业，2010（6）：40-42.

[21] 陈祖连. 用户宏程序在参数化编程中的应用 [J]. 广西轻工业，2009（11）：27-28.

[22] 朱跃峰. 基于FANUC 0i数控系统宏程序研究 [D]. 合肥：合肥工业大学，2008.

[23] 于洋. 等误差直线逼近非圆曲线节点计算新方法 [J]. 组合机床与自动化技术，2005（5）：32-33.

[24] 王建胜，吴明. 非圆曲线类零件的节点坐标计算 [J]. 制造业自动化，2008（12）：112-114.

[25] 王海涛，赵庆志，洪务礼，秦磊. 非圆曲线型线数控加工自动编程的应用研究 [J]. 内燃机配件，2009（2）：28-30.

[26] 吴胜强. 宏程序在非圆曲线轮廓加工中的应用 [J]. 机床与液压，2009（4）：189-190.

[27] 董晓岚. 基于极坐标下非圆曲线刀位轨迹生成算法的研究 [J]. 机械工程师，2007（12）：

16-18.
[28] 赵万生，史旭明.参数方程曲线的直接插补算法研究［J］.哈尔滨工业大学学报，2000（1）：133-136.
[29] 杜家熙.等误差法进行非圆曲线轮廓的数据处理［J］.机电一体化，2001（4）：67-68.
[30] 陈银清.宏程序在椭圆面和矩形四角圆角过渡面加工的应用［J］.煤矿机械，2010（1）：230-232.
[31] 廖春玲，李毅成.基于宏程序的复杂曲面加工［J］.机电工程技术，2009（5）：100-101.
[32] 于航，赖利国.非圆曲线插补算法的软件实现［J］.新技术新工艺，2008（3）：36-38.
[33] 刘繁.几种典型非圆曲线编程误差变步长控制算法［J］.机床与液压，2009（6）：53-55.
[34] 王丽萍.非圆曲线数控编程的等误差圆弧逼近法及其实现［J］.现代制造工程，2006（10）：30-32.
[35] 向应见.宏程序在编制非圆曲线类零件程序中的应用［J］.金属加工（冷加工），2008：64-66.
[36] 沈长生.基于FANUC系统设置固定的非圆曲线插补调用指令［J］.机电工程技术，2009（11）：92-94.
[37] 周劲松.巧用宏程序解决复杂零件的数控加工编程问题［J］.现代制造工程，2005（5）：37-38.
[38] 郭勇.宏程序在数控铣削编程中的应用［J］.贵州大学学报，2007（12）：52-55.
[39] 朱秀荣.宏程序在数控铣削加工中的应用［J］.吉林工程技术师范学院学报，2009（2）：66-68.
[40] 王海叶.基于宏程序的曲面数控铣床加工及编程应用［J］.机械研究与应用，2009（6）：95-96.
[41] 庞继伟，宋嘎.抛物面加工的宏程序实现及数控仿真［J］.现代制造技术与装备，2009（9）：69.
[42] 夏林，等.FANUC系统宏程序在凸轮轴类零件中的应用［J］.南昌大学学报，2006（12）：351-354.
[43] 许为民.数控加工中宏程序的应用［J］.机械制造与自动化，2007（10）：56-59.
[44] 董广强，范希营.用户宏程序的应用研究［J］.机械，2007（10）：48-49.
[45] Peter Smid.FANUC数控系统用户宏程序与编程技巧［M］.北京：化学工业出版社，2008.
[46] 周维泉.数控车/铣宏程序的开发与应用［M］.北京：机械工业出版社，2012.
[47] 王小荣.玩转FANUC数控铣削宏程序［M］.北京：科学出版社，2013.
[48] 张运强.FANUC数控系统宏程序编程方法技巧与实例［M］.北京：机械工业出社，2011.
[49] 梁平，肖善华.基于三点试圆算法的双曲线回转曲面参数宏程序设计［J］.宜宾学院学报，2013.（6）：68-71.
[50] 肖善华，郭晟.基于FANUC系统的抛物线参数宏程序编程研究［J］.模具技术，2013（04）：55-59.
[51] 肖善华.基于FANUC 0i系统的凹椭球参数宏程序编程［J］.机械工程与自动化，2013（04）：214-215.
[52] 滕凯，马秀丽.分层法车削梯形螺纹［J］.机械制造与自动化，2007，（01）：32-33.
[53] 孙邓飞.嵌入式数控系统的译码模块的研究与开发［D］.天津：天津大学，2010.
[54] 贾小伟，用户宏程序在多线蜗杆加工中的应用探索［J］.机械传动，2013（3）：52-55.

[55] 刘合群. 数控车削加工梯形螺纹的方法研究 [J]. 湖南农机，2013 (4)：74-75.
[56] 梁鑫. 宏程序在数控系统中对复杂零件加工的实现 [D]. 北京：电子科技大学，2013.
[57] 沈春根. 数控车宏程序编程实例与精讲 [M]. 北京：机械工业出版社，2017.
[58] 沈春根. 数控铣宏程序编程实例与精讲 [M]. 北京：机械工业出版社，2014.
[59] 颜建，童洲，梁秋华，张建强. 基于在线检测技术的批量装夹加工精度控制 [J]. 制造技术与机床，2021 (03)：103-106.
[60] 孙巍伟，黄民，李康. 数控机床刀具磨损监测与保护系统软件设计 [J]. 河南理工大学学报（自然科学版），2020，39 (01)：91-100.